권오길 교수의
흙에도 뭇 생명이…

권오길 교수의 흙에도 뭇 생명이…
텃밭 가꾸는 달팽이 박사의 흙과 흙에 사는 생물 이야기

2014년 1월 14일 초판 2쇄 발행
2009년 2월 2일 초판 1쇄 발행
지은이 권오길

펴낸이 이원중 책임편집 손효진 디자인 이유나 출력 경운출력 인쇄·제본 상지사
펴낸곳 지성사 출판등록일 1993년 12월 9일 등록번호 제10-916호
주소 (121-829) 서울시 마포구 와우산로 3길 27 전화 (02) 335-5494~5 팩스 (02) 335-5496
홈페이지 www.jisungsa.co.kr 블로그 blog.naver.com / jisungsabook 이메일 jisungsa@hanmail.net
편집주간 김명희 편집팀 김재희 디자인팀 이향란

ISBN 978-89-7889-191-2 (03470)
잘못된 책은 바꾸어드립니다. 책값은 뒤표지에 있습니다.

이 도서의 국립중앙도서관 출판시도서목록(CIP)은 e-CIP 홈페이지(http://www.nl.go.kr/ecip)에서
이용하실 수 있습니다. (CIP제어번호: CIP 2009000079)

권오길 교수의

흙에도 뭇 생명이…

텃밭 가꾸는
달팽이 박사의
흙과
흙에 사는 생물 이야기

지성사

머리말

맞다! 깊게 판 샘은 물이 마르지 않고, 뿌리를 깊게 박은 나무
는 바람에 흔들리지 않는다. 평소에 넓고 깊게 실력을 쌓아 둬
야 실수, 실패를 하지 않는다. 그런데 땅 위에 우뚝 서 있는
'줄기＋잎'의 생체량生體量, biomass과 땅속에 들어 있는 '뿌
리'의 생체량이 거의 맞먹는다고 하면 독자 여러분은 믿겠는
가. 땅 위의 것을 모조리 잘라 모아 무게를 재고, 땅속의 뿌리
를 송두리째 파서 들어내 달아 보면 둘의 무게가 비슷하다는
것이다. 나무가 호수에 그림자를 드리우고 있을 때, '수면의
나무 그림자'가 뿌리에 해당한다는 말이다. 그래서 '식물의 뿌
리는 숨겨진 반쪽'이라 하는 것. 굉장하다, 놀랍다, 신기하다,
믿기지 않는다, 눈에 보이지 않는 뿌리가 예사롭지 않구나! 공
중에 서 있는 나무와 땅에 박은 뿌리가 너무나 서로 빼닮아
'거울 보기mirror image'를 하고 있구나!

원고가 넘쳐 본문에는 못 들어간 글의 일부다. 땅, 흙의 주인공은 두말할 필요 없이 푸나무의 뿌리다. 나머지 생물들은 곁가지요 곁뿌리에 지나지 않는다는 말을 해 놓고…….

독자 여러분에게 참 미안하다. 매년 이런 책을 한 권씩 쓰겠다고 약속을 했었는데, 그만 식언食言을 해서 말이다. 해량海諒을 빈다. 실은 춘천교육대학에 시간강사를 나가면서 "아참, 내가 초등학교 학생들을 상대로 글을 쓴 것이 없구나!?" 하고 느낀 뒤로 2년 넘게 손자 손녀들이 읽을 책 여남은 권을 쓰느라 그랬다. 놀지 않았다는 이야기고, 앞으로는 꼭 약속을 지키겠다는 말이다. 언제까지 쓰게 될지는 몰라도 말이지.

"정작 나는 쓰지 않으면 죽을 수밖에 없다."라는 릴케 RAINER MARIA RILKE 의 말이 자꾸 떠오르는 것은? 글쓰기도 중독성이 있는 것 아닌가 싶다. 실은 나도 뭘 쓰지 않은 날은 인생을 헛산 느낌이 든다. 끼적끼적 아무렇게나 써 놓고 나면 말맛도 글맛도 엉망진창인데다, 생각을 글에 다 담지 못한 것이 창피하기도 하며, 글에다 위트를 많이 묻혀 보려 해도 그게 마음대로 되지 않고, 그만 삽삽澁澁한 글이 되고 만다. 소 뼈다귀를 몇 번 우려먹은 탓에 구수한 맛이 날아간 곰국을 마시는 느낌이다. 그런데도 써야 살맛이 난다!

이 책은 『달과 팽이』 다음으로 내놓는 책으로, 흙에 살면서 얻은 깨달음과 흙 속에서 살아가는 생물들의 삶을 함께 엮어 보았다. 다음 책에서는 바닷가에 사는 '개펄의 생물 이야기'로 독자 여러분과 만나기를 기대한다.

모두에게 『흙에도 뭇 생명이…』를 잘 부탁하면서, 마지막
으로 한마디.

"잘 가거라, 내 새끼야!"

2009년 2월 운봉(雲峰)

차례

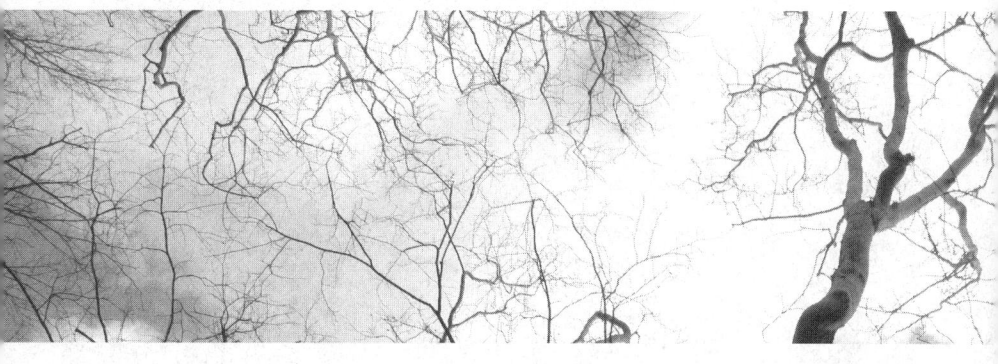

흙에 살다 _ 생물들 77

흙에 묻다 _ 생각들

흙은 씨알의 자궁이라

흙은 우리의 어머니

사람이 태어나는 것을 흙地에 떨어진다落는 뜻으로 낙지
落地라 한다. 그렇다면 그 흙이란 무엇인가? 흙은 식물이 뿌리
를 박고 사는 땅이고, 우리가 집 짓고 사는 삶터다. 땅 없는 식
물은 물 없는 고기와 다를 바 없다. 땅이 없으면 우리는 어디에
산담? 나비나 벌과 새가 공중에 산다고? 천만의 말씀이다. 거기
잠깐 머물 따름이지 언젠가는 모조리 땅바닥에 내려앉아야 한
다. 모래 위에 지은 다락집을 '사상누각砂上樓閣'이라 하던가. 땅
에 깊게 박은 뿌리가 없으니 오래가지 못하고 넘어지고 마는 것
이다.

흙에서 나서 흙으로 돌아간다

살아 있는 모든 것은 흙에서 왔다가 흙으로 돌아간다. 흙
은 생명의 시작이면서 끝이다. 사람도 예외가 아니다. 내가 죽

어 묻힐 흙이다. 죽음이 가까워 오면 흙냄새가 구수해진다던 가? '썩힘부패 腐敗'의 가르침을 주는 것도 흙이다. 더러운 똥오 줌에 퇴비·죽은 쥐새끼·생선 뼈다귀가 모두 흙에 묻히면 썩고 발효하여 걸쭉한 거름으로 바뀌고 만다. 썩힘 있어야 새 생명이 태어난다! 아무리 어렵고 고된 일도 세월이 지나면 잊히고 만다 는 것을 알려 주는 흙. 마음에 쌓인 옹이를 풀어 버려라. 아무리 모나고 인정 없는 세상이라지만 세월이 치료하지 못하는 아픔 은 없다. 그나저나 무엇보다 안타까운 것은 사방팔방 도시화가 되면서 보드라운 흙을 만지고 밟아 볼 수 없어진 것이다. 하루에 열 가지가 넘게 자연의 소리를 들으라고 한다. 그러면 그만큼 심 성이 포실하고 보드라워진다 한다. 루소JEAN-JACQUES ROUSSEAU의 말처럼, 우리 모두 자연으로 돌아가자. 흙을 만지자꾸나.

토양은 무생물적인 것이 아니라 살아 있는 생물체로 봐야 한다. 누가 뭐라 해도 흙은 살아 있는 생명체다! 생명의 숨결이 넘실거리는 흙이다. 땅에다 씨앗을 심으면 거기에서 싹이 트는 것은 정자를 심어 아기를 낳는 것과 다르지 않다. '흙은 우리의 어머니!'이다. 호박씨 하나를 심어 머리통만 한 누런 호박이 뒤 룽뒤룽 열리는데, 이 어찌 그냥 흙이라고 할 수 있겠는가. 흙은 분명 우주의 섭리를 가득 안은 씨알의 자궁이다. 젖을 주는 어 머니이다.

흙에도 여러 종류가 있어, 크게 보아 모래흙 사토 沙土 · 진흙 · 양토 壤土 · 황토 黃土 · 부엽토 腐葉土의 다섯 가지로 나눈다. 모래흙은 80퍼센트 이상이 모래로 이루어진 흙을 말하며, 공기가 잘 통하지만 물이 너무 쉽게 빠진다. 물을 오래 품지 못하니 마르기 쉬워서 작물을 키우기에 그리 좋지 못하다. 진흙은 찰흙이 70퍼센트 이상을 차지하는 흙이다. 모래흙과는 달리 매우 차지고 단단하여서 물이 빠지지 않고 공기가 통하지 않아 역시 식물이 잘 자라지 못한다. 양토는 모래와 진흙이 적당히 잘 섞인 흙을 말하는데, 논흙이나 밭 흙으로 작물재배에 제일 좋다. 황토는 붉은색의 찰흙을 말하는데, 철분이 많고 아주 차진 것이 특징이다. 식물이 자라기에는 그리 좋지 못하나 옛날부터 집 지을 때 썼고, 사람 몸에 좋다 하여 여러모로 사용한다. 부엽토는 낙엽이 쌓여 썩은 腐葉 흙 土으로, 유기질비료(유기영양소) 성분이 많아서 부드럽고 가벼워 화분 흙으로 많이 쓴다.

건강한 흙이라야 식물을 잘 자라게 도와주고, 물과 공기의 질을 좋은 상태로 유지한다. 하여 동물과 사람의 건강을 보장한다. 흙의 생리적 구조와 화학적 구성, 그리고 그 속에 살고 있는 토양생물들이 이런 흙의 역할을 결정한다. 다시 말해 흙이 건강해야 사람이 건강할 수 있는 것이다. 흙이 녹색식물인 생산자 生産者, producer를 낳고 생산자가 갖은 것을 낳기에 흙을 먹지 않고 사는 생물은 어디에도 없나니……. 거기에서 태어난 생물 치고 다시 그리고 돌아가지 않는 것이 또한 없도다!

흙이 왜 중요한가. 무엇보다 우리의 먹을거리가 거기서 나오니 그렇다. 푸성귀나 곡식이 모두 흙에서 탄생하지 않는가. 흙이 신성한 것은 무엇보다도 생물의 젖줄인 물과 무기영양소를 품고 있기 때문이다. 암튼 우리는 곡식을 키우면서 물 뿌려 주고 거름을 흩어 주며, 또 '생명의 숨결'인 햇볕이 잘 들도록 해 준다. 그렇구나, 곡식이 먹고 싶은 것은 물과 거름(무기영양소), 그리고 햇빛이었구나! 물론 이산화탄소(CO_2)도 필요하지만 이것이 부족하기란 썩 드문 일이다.

식물은 거름이라는 밥을 먹고 산다. 우리 몸이 흡수하는 포도당, 아미노산, 지방산도 모두 물에 녹는 수용성 물질이듯이, 무기영양소도 물에 녹지 않으면 식물이 이용하지 못한다. 물질용매로서 물은 이토록 중요한 것이다. 어쨌거나 논밭에 곡식 먹으라고 퇴비를 그득 넣어 준다. 제아무리 물과 햇빛이 있어도 거름기 없는 생땅에서는 양분을 만들 수 없다. 광합성을 못한다는 말이다. 논밭에다 퇴비 같은 유기영양소(유기물)를 흩어 놓으면 세균이나 곰팡이·효모酵母, yeast 들이 식물이 쓸 수 있는 무기영양소(무기물)로 바꾼다. 미생물微生物, microorganism 들이 바로 '썩힘'을 책임지는 분해자分解者, decomposer 이다! 토양미생물이 버글버글 득실거려야 흙밥이 부들부들한 흙이 된다. 식물은 생산자, 동물은 소비자消費者, consumer, 미생물은 분해자로 이 셋이 멋지게 어우러져야 마침내 괜찮은 생태계生態系, ecosystem가 된다. 어쨌거나 토양세균土壤細菌, soil bacteria들이 기운차게 붙고 늘어나는 흙이 좋은 흙이다. 공기가 잘 통하고 거름기가 풍부한 비옥한 땅, 건흙이 좋은 흙이다.

흙의 속살

흙에는 다양한 생물들이 살고 있다. 그들끼리 먹이사슬food chain을, 그 사슬이 서로 얽힌 먹이그물food web을 이뤄 살아가고 있는데, 넓게 보아서 그것을 '토양생태계'라 부른다. 토양생태계에는 세균·곰팡이·원생동물原生動物, protozoa과 같은 토양미생물과 더 고등한 생물인 선형동물(선충류), 땅강아지나 개미 따위의 소형 절지동물에다 환형동물인 지렁이에, 두더지 같은 작은 척추동물이 살고, 또 식물들이 뿌리를 박고 살고 있다. 그들이 사는 살터서식처 棲息處, shelter가 흙이다. 이처럼 이루 다 헤아릴 없는 생물들이 들썩이고, 나름대로 모두들 토양환경에 영향을 미친다. 그런데 이런 걸출하고 풍요로운 토양생물들이 사는 곳은 대개 10~15센티미터 깊이의 겉흙이다. 실은 여기가 흙의 속살인 셈이다.

토양생태계에서 생산자는 고등녹색식물, 지의류, 광합성 세균, 조류藻類와 같이 광합성을 하는 것들이다. 이놈들이 흙을 구성하는 유기물의 바탕이 된다. 생산자를 먹고 사는 여러 토양 생물들이 소비자이고, 이것을 분해자들이 분해한다. 생산자들은 이렇게 분해된 영양분을 이용해 다시 생산을 한다. 이런 과정을 거쳐 토양에서도 탄소순환, 질소순환, 또 다른 원소들의 물질순환物質循環이 일어나게 된다.

흙에 기대어 풀·나무·곡식이 살아간다. 토양생태계가 건강하면 결국 푸나무가 성하고 수확이 늘어난다. 결국 우리는 흙을 먹고 사는 것이 아닌가? 풀과 나무의 잎이나 죽은 가지들이 쌓여 썩으니 그것이 부엽토이고, 거기에서 나오는 유기물이 땅을 걸게 한다. 그러나 곡식의 경우는 사람이 뿌리나 줄기 열매를 걷어와 버리기에 땅을 걸게 할 것이 안 남는다. 다시 말해 땅이 배가 고프다. 그래서 우리는 거름을 넣고 비료를 뿌려 주어 흙의 기아飢餓, 즉 양분의 고갈枯渴을 면하게 해 준다. 그런데 거름을 넉넉히 넣지 않고 화학비료만 줘서 농사를 짓는 얌체족들을 보면 화가 난다. 내 옆 밭에 들깨 농사나 고구마를 키우는 사람들 말이다. 그들의 성정性情인 '마음의 생태계'가 의심스럽다. 아무리 박한 땅에서도 잘 사는 들깨나 고구마라 하지만……. 배고픈 땅에서 '흙의 피'를 갈취喝取하는 기생충들 같아 그들이 밉다. 낯짝이 두꺼워도 유만분수지……. 밭에서 채소나 곡식이나 열매를 거둬 먹을 때마다 더없이 고맙다. 어머니 밭에서 이렇게 많은 젖을 주시니, 한편으로 미안한 생각이 든다. 흙은 정직하여서 정성 들여 가꾼 만큼, 넣어 준 거름만큼 결실을 맺는다!

씨앗 뿌리는 마음

흙은 식물이 먹고 사는 물과 무기영양소를 품고 있기에 귀중한 것이다. 흙 = 물 + 무기영양소 = 생명! 건강한 흙에 튼튼한 생명이! 뿌리가 물과 무기영양소(무기질)를 흡수하여 위로 올려주면 잎의 엽록체에서 이것들을 재료로 광합성을 한다. 아니 그런가? 흙에 다리를 뻗고 사는 녹색식물이 없다면 사람도 지구에 발붙일 틈이 없다. 지구의 모든 양분·음식·에너지는 영특하기 짝이 없는 녹색식물이 만들기에 하는 말이다. 식물(plant)은 양분을 만드는 공장(plant)이다. 하여 'plant is plant.'란 말이 생겨난다. 우리의 생명을 책임지는 흙, 그리고 식물! 그들은 모두 다 우리의 어머니렷다!

흙냄새의 비밀

새봄이 시작되면서 나는 공연스레 마음이 설레고 손길 발길이 바빠진다. 아니, 벌써 퇴비를 사서 밭두둑에 뿌리고 흙을 덮었다. 텃밭을 일궈 남새라도 좀 뜯어 먹자는 심보이겠으나, 실은 촌놈의 피를 못 속이고 뭔가 심어 키우는 사육본능이 발동한 탓이다.

"봄볕은 며느리 쬐고 가을볕은 딸 쬔다." 하고, "봄볕에 그을리면 보던 임도 못 알아본다."라고 한다. 겨우내 여려진 살에 갑자기 강한 봄 햇살(자외선)이 내리 쬐는 날에는 얼굴이 새까맣게 탄다. 자외선은 양날의 칼과 같아서 병균을 죽이고 살갗에서 비타민D를 만들게 하지만, 오래 노출되면 피부암이 생긴다. 그래서 들일 나갈 때는 낯에다 자외선 차단용 로션을 바르고 나가는 것이 백번 옳다.

아무튼 흙살 찌우겠다고 산자락의 덤불에서 낙엽을 긁고 소나무 삭정이를 꺾으며, 떡갈나무 졸가리에 썩어 가는 도토리 깍정이까지 모아 와 불 질러 재灰 받아서 밭에다 흩뿌린다. 지난 가을에 뽑아 던져둔 고춧대 따위도 함께 화장당하는 것은 두말할 나위 없다. 매콤한 연기 연氤 타고 어린 초동시절로 날아오른다!

흙에서 진동하는 냉이 냄새는 인삼의 사포닌saponin 냄새를 빼닮았다. 이것이 바로 흙의 향기다. 토향土香은 토기土氣를 품었으니 흙에서 기를 받는다. 지금 이 글을 쓰고 있는데도 조건반사 중추가 발동하여 콧구멍이 벌렁거리고 침이 동하는 판이다. 사람들아, 이래도 흙을 만지지 않으려는가? 어디 냄새뿐일라고. 맨손바닥에 배어드는 촉촉한 흙의 감촉을 어떻게 설명한담! 보드라운 흙살에 손끝이 간지럽다. 찹찹하게 느껴지는 토양! 흙은 생명인 것이다! 어떤 이는 "땅에 씨앗을 심는 것은 전부는 아니더라도 사람의 성적性的 행동과 거의 유사하다고도 볼 수 있다."라고 말했다. 일리가 있다. 뿌리고 심는 것은 어느 것이나 신성한 것. 농부가 쏟는 정성 덕에 씨앗이 트고, 또 그들의 발걸음 소리를 듣고 자란다.

사실 흙냄새는 흙이 내는 것이 아니다. 건땅healthy soil에는 세균과 곰팡이들이 많이 살아서, 그것들이 거름(유기물)을 분해하면서 냄새를 낸다. 아하, 미생물어 풍기는 냄새가 바로 흙냄새로군! 그런데 식물은 흙에 사는 미생물 신세를 지고 산다. 뿌리가 튼튼하고 양분과 물을 잘 흡수하려면 이들 미생물의 도움이 있어야 한다. 그러므로 땅에다 거름을 주는 것은 식물에 양분을 공급하는 것은 물론이고 미생물을 배양하는 것이기도 하다. 큰 나무를 옮겨 심을 적에 미생물 배양액인 막걸리를 흠뻑 뿌려 주지 않던가.

엇길로 샜다. 우리는 씨를 뿌려야 한다. 주자朱子는 "봄에 씨 뿌리지 않으면 가을에 뉘우친다. 춘불경종추후회 春不耕種秋後悔"

라고 했다. 밭두렁 흙을 이리저리 뒤집으면서 자갈을 골라내고 나무토막, 가랑잎도 찾아서 버린다. 굵은 흙 알갱이 하나하나를 잘게 부셔 가다 보면 어느새 보들보들한 흙고물이 된다. 그 다음에는 호미 날을 쓱쓱 끌어당겨 씨가 누울 작은 골을 낸다. 골바닥을 손등으로 살짝살짝 눌러 간다. 그런 다음 씨를 뿌린다. 낭패 중의 하나는 소밀疏密에 대한 감각이 둔해서 성기거나 배게 씨를 뿌리기 쉽다는 것이다. 씨앗 발아율이 보통 80퍼센트 정도니까 빽빽하게 뿌려 주는 편이 좋다. 그런 다음 보드라운 흙을 골라서 씨앗 지름의 1.5배 두께로 흩뿌려 주고 손으로 가볍게 탁탁 두드려 준다. 아주 작은 씨앗들은 '씨앗 지름의 1.5배'라는 계산이 어려워(?) 어쩔 수 없이 마구 뿌린다. 그래도 뿌리는 귀신같이 아래로 뻗는다. 새 생명의 탄생을 애타게 기다리면서 두 손 모아 기도하노니 탈 없이 잘 태어나거라! 그리고는 골골이 짚으로 덮는다. 씨알이 마르지 말라고 그런다. 후유! 그제서야 부러질 듯 아픈 허리를 편다. 뼈 빠지게 일만 한 농부는 죽어서 어깨부터 썩는다고 하던데, 나는 허리부터 썩을 모양인가. 그러나 젊어 흘리지 않은 땀은 늙어 피눈물이 되고, 봄에 씨 뿌리지 않으면 가을에 후회하는 것이니……. 어쨌거나 파종하는 일은 마냥 재미있고 즐겁기만 하다! 봄 채소는 큰 놈부터 솎아 먹고 가을 것은 잔 것을 먼저 빼 먹는다는데, 나도 때가 되면 저

놈들을 솎아 먹으리라.

나는 어릴 적에 시골에 자라 농사 기본은 제대로 돼 있다. 씨앗도 제대로 뿌리지 못하는 얼뜨기가 아니라는 말이다. 왜 이런 소리를 하느냐 하면, 농사를 누워서 떡 먹기로 생각하다간 큰코다치기 때문이다. 농사는 정녕 과학이요 예술인 탓에 하는 말이다. 보통 상추나 무, 배추처럼 작은 씨앗은 골골이 흩어 뿌리지만, 옥수수와 같은 큰 알은 한 구덕구덩이에 씨 서너 개를 넣는다. 예부터 씨는 셋을 심어 하나는 하늘(날짐승)에 주고, 다른 하나는 땅(벌레)에 주고, 나머지 하나를 사람이 먹는다고 했다. 이 말에는 배려와 베풂의 미덕이 들었다. 하나 실상은 셋을 심어 그중에서 제일 튼튼하고 실한 놈 하나를 세우고 나머지는 뽑아 버리겠다는 심사이리라. 그런데 땅콩·옥수수를 심어 두면 싹이 틀 무렵에 훼방꾼 산비둘기나 까치 놈들이 귀신같이 알고 달려들어 사정없이 파먹는다. 그렇잖아도 날이 가물어 싹이 다 나지 못해 애를 태우는데 녀석들이 와서 염장을 지른다. 한마디로 밉다. 그리하여 까치 놈은 해조害鳥에 들고 만다. 그러니 좀 낫게 심는 것이다. 앞에서도 말했지만 씨앗 중에는 쭉정이가 있어서 실제로는 발아율이 100퍼센트에 못 미친다.

그런데 밭에서 갓 따왔거나 시장에서 사 온 호박·오이·상추·쑥갓·과일 등을 오래 보관하려면 어떻게 해야 하는가?

두말할 필요 없이 신문지나 랩으로 싸서 냉장고에 넣어 두는 것이 방법이다. 냉장고 안 온도가 섭씨 5도라 세균이나 곰팡이, 바이러스가 자라지 못하니 좋고, 겉을 싸 주니 수분이 날아가지 않아 좋다. 그런데 이들 채소에는 흙과 티끌이 묻어 있다. 저것들을 물로 씻은 다음에 보관해야 할까? 아니면 좀 지저분해도 그냥 싸서 그대로 넣어 두는 것이 좋(옳)을까? 호박·오이·감자·고구마·토마토처럼 풀草에 열린 열매를 '채소vegetable'라 하고, 사과나 복숭아같이 나무木에 열린 열매를 '과일fruit'이라 구분하는 것은 우리가 다 안다. 어쨌거나 저 채소를 어찌하는 것이 좋담? 체험보다 더 훌륭한 공부는 없는 법이라, 우리 집사람도 물에 씻지 않고 그냥 그대로 싸서 보관하는 것을 봤다! 그렇다, 물로 씻기만 해도 탈이 날 판인데 수세미로 문질렀다간 큰일이다. 상처가 조금만 나도 곧바로 진물液汁을 내놔서 다친 곳을 틀어막는 채소·과일들이기 때문이다.

그렇다면 채소와 과일을 문지르지 않고 흐르는 물로 씻어 보관하면 어떨까? 사람의 피부나 채소의 껍질에는 본래부터 거기에 제자리를 차지하고 살아온 토착세균土着細菌이 그득 묻어 있다. 각각의 동식물에는 거기에 알맞게 정해진 세균이나 곰팡이들이 오래전부터 터를 잡고 살아온 지킴이들이다. 한마디로 그것들은 반드시 있어야 하는 유익한 세균이요, 고상하게 말하면 공생세균共生細菌이다. 우리 살갗과 채소의 이파리, 과일의 껍질은 수많은 세균들이나 효모들로 덮여 있다. 언제 적부터 같이 살아온 친구인데 그걸 모르고! 과일을 흐르는 물에 씻는 것도 좋지 않다. 가지고 온 고대로 곱게 신문지에 싸서 넣자! 먹기 직전에 깨끗이 씻어 먹는 것은 두말할 필요가 없지.

애석하게도 우리는 유익한 세균들의 한량없는 은혜를 지고 살면서도 그걸 모른다. 세균이 "당신의 살갗이 내 삶터요, 다른 병원성세균이 달려들면 내가 다 쫓아 보호해 줬는데, 왜 날 이렇게 괄시恝視하느냐?" 하고 고함을 질러도 그 소리를 듣지 못한다. 세균이라 하면 그만 병원성세균을 떠올리며 탐탁찮게 여기지만 그런 놈들은 몇 퍼센트가 되지 않고 대부분의 세균은 이롭다. 유산균이나 효모 따위가 으레 없어서는 안되는 세균이다. 가상하게도 김치에다 치즈·버터도 이들 세균의 작품이 아니던가. 어쨌거나 호박·오이도 목욕(?)시키지 않고 그대로 넣어 두는 것이 백번 옳다.

그나저나 씨앗들은 왜 저렇게 작고 똥그랄까? 저 작은 씨알 속에 어찌 상추·열무·배추·쑥갓·시금치가 들어 있을까? 과일도 둥글지 않는가. 사람도 늙으면 모가 닳아 둥글둥글해져야 하는데……

김매고 벌레 잡고

으레 모든 것은 작고 둥근 것에서 시작하더라! 어린이들의 귀여운 얼굴도 덩달아 둥글다! 씨앗 하나에 우주가 들었다더니만……, 그 둥근 '밀알'에 생기를 불어넣는 곳이 어딘가? 흙이다. 땅에 든 씨앗은 어느 것이나 봄에는 삼사일, 여름엔 이삼일이면 새싹이 돋는다! 흙은 무슨 요술을 가졌기에 씨앗을 싹트게 한단 말인가!

씨앗이란 씨앗은 죄다 메말라 있어서 흙에서 물기를 만나면 대뜸 사정없이 물을 꿀꺽꿀꺽 마신다. 껍질이 부풀어 나고, 떡잎도 물을 머금어 부피가 푹푹 늘어난다. 물을 빨아들인 씨앗에서는 드디어 물질대사(발아)가 시작된다. 우리의 소화관에서 탄수화물, 단백질, 지방이 분해되는 소화의 원리와 같다고나 할까. 떡잎의 탄수화물이나 단백질, 지방이 발생에 바로 쓸 수 있는 간단한 양분인 포도당이나 아미노산, 지방산으로 바뀐다는 말이다. 이렇게 바뀐 떡잎의 양분은 씨눈의 성장(세포분열)에 쓰인다. 이것이 씨앗의 발생인 싹틈 즉, 발아의 원리다. 식물이 씨앗에 양분을 저장하는 것은 닭이 달걀에 병아리가 될 양분을 비축하는 것과 다르지 않다.

씨알의 싹틈과 달걀의 까임이 사뭇 다르지 않다. 씨앗을 흙에 묻어 두면 태양열 받아 살가운 눈을 틔운다. 그럼 알을 품는다는 것은 무엇을 의미하는가. 어미 대신에 부화기에 알을 넣어도 21일 후엔 병아리가 깨어난다. 문제는 온도다! 온도만 올려 주면 잠자던 호박씨가 싹을 틔우거니와 달걀도 머뭇거림 없이 곧장 잠을 깬다! 너무 신기하지 않는가! 이렇게 동식물의 탄생원리는 정녕 똑같다. 둘 다 '온도'라는 자극이 발생(물질대사)을 시작하게 하여 끝에 가서는 어엿한 새로운 생명들을 떡하니 만들어 놓으니 말이다! 게다가 씨알이나 새알이나 알은 모두 둥글다!

　농사에는 모든 정성을 쏟아부어야 한다. 누구나, 아무나 농사를 짓지 못한다. 곡식은 분명 주인의 발걸음 소리를 듣고 자란다. 잠자리에서도 골골이 자라는 녀석들과 영혼을 나눈다. 언제나 시간과 에너지를 쏟은 일이 뇌리에 뱅뱅 돈다. 그렇게 밭 구석을 헤매다가 잠이 드는 것이다.

　될성부른 나무는 떡잎부터 알아본다고, 여러 개를 심어 나중에 봐서 비실거리거나 시원찮은 약골弱骨은 솎아 버리고 그 중에 센 피(유전인자)를 가진 괜찮은 놈 하나를 세운다. '유전인자遺傳因子, gene' 란 말이 나왔으니 말인데, 그것은 다른 말로 '내림물질'이라 해도 좋다. 자식은 부모의 대물림을 하니 두 사람의 유전자를 반반씩 받는다. 아무튼 신기하지 않는가. 약속이나 한 듯 콩 심은 데 콩 나고 팥 심은 데 팥 난다. 그런데 말이지,

사랑의 씨앗을 심으면 도대체 무엇이 싹틀까? 또 행복을 심으면? 호박은 우리에게 일러 준다. 한 톨의 사랑을 심으면 그 열매가 수많이 달린다고! 옥수수 한 알을 심으면 1,200여 개의 사랑알갱이가 조롱조롱! 한 그루에 옥수수 둘이 열린다 치고, 옥수수 하나에는 15줄×40개=600개, 둘이면 1,200개가 된다. 곱장사란 말이 있지? 농사는 이렇게 1,000곱 수익을 얻는다! 놀랍지 않은가.

그러나 씨앗 심었다고 끝난 것이 아니다. 물 주고 거름 주며, 김매고 벌레 잡아 줘야 한다. 아무튼 새로운 탄생은 정녕 찬란하고 아름답다! 새봄의 열림이 또한 그렇지 않은가! 어쨌거나 "물 주고 거름 주며, 김매고 벌레 잡아 줘야 한다."라는 구절은 의미심장하다. 그중에서도 '김매고 벌레 잡아' 준다는 것 말이다. 양洋의 동서東西·고금古今을 통틀어 긴긴 세월 사람이 살아오면서 가장 힘든 것이 무엇이었을까? 한번 곰곰이 생각해 보기 바란다. 의식주衣食住, 입고 먹고 잠자는 일 중에 가장 힘든 일이 아마도 먹는 일이 아니었을까?

그 옛날 나무를 베고 땅을 일궈서 거기에 곡식을 심어 먹기 시작하는 농경사회에 접어들었다고 치자. 떠돌이생활유목생활을 청산하게 된 결정적 계기가 바로 농사짓기다. 지금의 곡식들은 교잡交雜·순계분리純系分離·돌연변이突然變異 등으로 얻은 고

수확 품종들이지만, 옛날 그 옛날에는 산야山野에 나는 말 그대로 토종土種을 가져다 심었으니……. 그런데 세월이 많이 지나 개량한 품종을 심으면서부터 또 다른 문제가 불거지기 시작한다. 개량한 종자들은 잡초와 싸우면 백전백패百戰百敗다. 게다가 새로운 품종들에게 달려드는 벌레들도 예사롭지 않다. 어쩌면 좋은가. 곡식이라고 심어 놓으면 잡초와 벌레 등쌀에 씨앗도 건지기 어려울 판이다. 그 시절에는 어른들은 두말할 필요가 없었고, 어린 나까지도 논매고 밭 매느라 허리가 빠졌었다. 대체 뭘 매는 것일까? 바로 잡초다. 세게 뿌리를 내뻗어 양분과 물을 다 빼앗아 가는 것으로도 모자라 웃자라서 그림자를 지워 광합성조차 못하게 하니 곡식이 맥을 못 춘다. 벌레는 벌레대로 강한 알칼리성인 재를 뿌리거나 손으로 잡는 수밖에 없었다.

그때는 잡초와 벌레와의 싸움에 골이 빠지고 허리뼈가 휘어졌다. 사람의 천적은 다름 아닌 이 둘이다. 지금도 다르지 않다. 얼마나 사람을 못살게 굴었던 놈들인가? 내가 먹을 곡식을 죄다 빼앗아 가는 녀석들을 어떻게 해야 하는가? 여기에 과학의 힘을 빌게 되었으니, 잡초를 잡는 제초제除草劑, herbicide와 벌레를 죽이는 살충제殺蟲劑, insecticide가 그것이다. 이 세상에서 가장 뛰어난 발명품이 바로 이 둘이다! 이것 덕에 우리의 먹을거리가 늘게 되었고, 이것이 없으면 우리는 모두 굶어 죽는다.

절대로 과소평가할 수 없는 것임을 알 것이다. 잔류농약이 몸에 좋지 않다고 경계를 늦추지 않고 있지만 어쩔 수 없다. 부작용이 적은 약들을 계속 개발하여 잡초와 벌레와의 싸움에 이겨야 한다. 농사지을 때 비료를 과다하게 뿌려 흙이 동맥경화증이나 당뇨에 걸려 있다고 걱정하는 것에도 동의하는 바이다. 그러나 비료를 쓰지 않고 어떻게 곡식을 키울 수 있는가? 어떻게 하면 농약과 비료를 적게 쓰고도 수확을 늘리는가가 앞으로 우리들이 해야 할 일들이다. 요즘에는 잡초를 뜯어 먹는 오리나 우렁이를 논에 넣고, 천적을 써서 벌레를 퇴치하며, 퇴비를 증산하여 논을 걸게 하는 등의 '유기농법' 개발에 눈을 돌리고 있어 더 할 나위 없이 기쁘고 반갑다. 이렇게 농사짓기도 끊임없이 머뭇거리지 않고 진화할 것이다. 사실 잡초와 벌레와의 싸움에서 완전하게 이긴 것은 아니지만 대등하게나마 다툴 수 있는 것만도 대단하다.

그렇다. 어릴 때부터 흙과 지내 온지라 도시 흙을 매만지지 않고는 살지 못한다. 짬만 나면 밭으로 발길을 돌린다. 대지大地와의 접촉인 밭일은 본능적인 것이라 했다. 사실 그곳은 나의 수도장修道場이라 해도 옳다. 운력運力으로 팔다리가 튼실해지니 몸에 좋고, 영혼이 씻기어 잡념이 사라져 버리니 정신 관리에 이보다 더 좋은 곳이 없다. 나는 노동을 통해 생명에 무한히 접근해 보고 싶은 것이다. 곧잘 잠자리에 누워서도 밭골을 줄줄이 따라다니면서 잠을 청한다고 했다. 씨가 싹 트고 그것이 자라가는 것을 보고 있노라면 오롯이 기쁠 따름이다. 무엇을 더 바라겠는가. 지푸라기나 자갈, 낙엽을 골라 치우고, 굵은 흙 알갱이는 손아귀에 쥐고 꼭 눌러 으깨어 뭉갠다. 포슬포슬한 보드라운 흙이 된다. 이때 손에 느껴지는 흙의 감촉은 말과 글로 표현하기 어렵다. 가슬가슬했던 흙이 이제는 찹찹하고 축축하고, 보들보들하기 그지없다. 흙가루가 떡고물같이 보슬보슬한 것이, 봄 냉이 향을 풍긴다. 흙을 한 줌 쥐고 코에다 갖다 댄다. 흑흑! 맡고 또 맡는다. 새콤하고 달콤한, 풋풋하고 은은한 흙내! 내가 이 흙냄새를 맡아서 흙 기운을 받아 이렇게 곱고 건강하게 늙는 것이리라! 토향土香·토기土氣 말이다. 흙 만질 일이 있거든 고무장갑이나 비닐장갑을 끼지 말고 맨손으로 만져라. 장갑 끼고 엄마 얼굴을 만지면 보드레한 느낌이 느껴지겠는가? 또 입마개를 하면 어머니 냄새를 제대로 맡을 수 있겠는가? 자연에는 자연스럽게 다가가야 진정 자연의 살가움을 느끼고 향긋한 풍김을 맡을 수 있다.

식물도 싸운다

그런데 저 식물들끼리도 다툼이 있다니? 넓은 공간을 차지해야 먹을 것을 많이 얻는 것은 동식물이 다르지 않다. 그래서 공간과 먹이(space and food)의 투쟁이 끊이지 않는다. 식물들은 결국 햇빛·물·양분을 더 많이 차지하기 위해 박 터지는 싸움을 한다. 잎을 넓게 펴서 옆의 식물을 찍어 눌러 볕을 독차지 하려 들고, 뿌리를 멀리 뻗어 물과 양분을 충분히 확보하려든다. 그것을 우리가 섣불리 지나쳐서 그렇지 잎과 뿌리의 투쟁은 예사롭질 않다.

식물들은 자리싸움에 화학무기도 쓴다. 햇빛 한소끔 놓고서로 차지하려고 대포와 폭탄은 물론이고 생화학무기까지 동원한다. 열무·배추·시금치가 무슨 다툼질을 한단 말인가? 몰라서 하는 소리다. 쭈그리고 앉아 열무 골을 내려다보고 있노라면, 그것들이 물 있고 양분(거름)이 진한 쪽으로 뿌리를, 햇살 쪽으로 잎을 뻗겠다고, 제가 먼저 넓은 터를 잡겠다고 피 터지는 쌈질을 한다. 식물도 다툰다. 한마디로 그놈들도 동물과 한 치의 차이도 없이 공간을 확보하느라 투쟁이 치열하다. 공간과 먹이를 차지하려는 생존경쟁이 불길 같다. 약육강식 그 자체다. '정글의 법칙'이 내 밭에서도 공공연히 벌어지고 있다니?! 넓은 공간을 차지하면 많은 먹이를 얻고, 따라서 여러 짝과 짝짓기를 할 수 있다. 하여 모든 동식물이 더 많은 자손에다 훨씬 좋은 씨(유전인자)를 받겠다고 그렇게 다툰다. 사람도 다르지 않으매……. 촘촘하게 심어 놓은 열무를 그대로 두면 튼실한 종자에서 싹튼 몇 놈이 부실한 것들을 짓눌러 버리고 득세得勢하여 성세盛世를 누린다.

재미나는 것은 열무나 들깨를 골골이 가득 뿌려 놓으면 독종毒種인 바랭이·개비름이 얼씬하지 못한다는 것이다. 인해전술人海戰術의 의미를 여기서도 찾게 된다. 그러나 그게 아니다. 어느 식물이나 뿌리와 잎줄기에서 나름대로 다른 종에 해로운 생장억제 물질을 분비하여 못 자라게 하니 이것을 타감작용他感作用이라 하고, 영어로는 알렐로파시allelopathy라 한다. 소나무 밑에 다른 식물이 못 자라는 것은 소나무 뿌리가 갈로타닌gallotannin이라는 타감물질allelopathic substance을 분비하기 때문이다. 그뿐만 아니다. 잔디밭 한구석에 자리 잡은 토끼풀이 잔디와 싸우면서 영역을 넓혀가는 것도 토끼풀이 분비한 화약火藥 즉, 타감물질의 힘이다. 생화학무기를 갖지 않은 식물은 없다.

빽빽하게 난 열무나 들깨들이 힘을 합쳐 독을 뿜어 대면 바랭이가 쳐들어올 엄두를 못 낸다. 넓디넓은 사막에 자로 잰 듯 일정한 간격으로 자리 잡은 선인장 군집群集도 제자리 매김을 한다. 일부러 사람이 심기라도 한 듯이 일정한 간격으로 나지 않던가. 묵정밭에 나는 바랭이도 그렇게 난다. 한마디로, 잔디밭에 가득 핀 노랑민들레나 산비탈의 주인인 쑥이나 개망초

들도 함부로 나 있는 것이 아니다. 새싹 때부터 박이 터지도록 싸워 그렇게 줄줄이 곧추서 있다. 식물의 세계도 우리가 보고 느끼는 것처럼 그렇게 자유롭고 평화롭지만은 않다. 참 잔인한 세상이로다! 텃밭에서 소채蔬菜들의 모진 생명력을 하루도 빼지 않고 바라보았기에 이런 글을 쓴다 생각하니, 그들이 나의 스승임에 반론의 여지가 없다. 그놈들 덕분에 흙냄새 실컷 맡고, 흙살 한껏 뒤집어서서 심성정心性情까지 한가득 부드러워지고 깨끗해졌다. 뒤집어 놓은 흙의 속살 색깔을 보았는가. 어느 색깔도 그보다 아름다울 수 없다. 물기가 촉촉이 밴 윤기 나는 흙색, 그 피부색에서 눈을 뗄 수 없으니 말이다. 어쨌거나 녀석들과 한껏 놀고 싱싱한 푸성귀까지 뜯어 먹으니 말 그대로 꿩 먹고 알 먹기다. 암튼 내가 좋아하는 루소의 말을 좇아 오늘도 밭이라는 자연으로 돌아간다.

밭에 사는 마음

매번 씨를 뿌리고 나면 괜스레 마음을 졸인다. 언제 저놈들이 싹을 틔울 건가 하고 조급증이 난다. 그래서 성마르게도 자꾸 씨 심은 자리를 마음 졸이며 뒤지고 파 본다. 그러다가 그만 여린 싹을 다치게 하거나, 실수로 목을 잘라 버리는 수가 생긴다. "아야 아야!", 비명소리에 머리털이 바짝 선다. 가슴을 치면서……, 손을 잘라 버리고 싶은 심정이라! 가슴이 꽉 차 오며 심장이 멈추는 듯 답답한 마음. 후~ 후~! 가녀린 새 생명에 참말로 미안하다. 십 년은 감수하였다. 그래서 며칠은 섣불리 흙을 만지지 못하다가 어느새 개버릇이 도진다. '탄생의 순간'이 보고 싶어 초조하게 안달을 부린다. 뭘 그렇게 서두는 것일까? 흙에선 '썩힘'을, 곡식의 자람에선 '기다림'을 배우는 것인데 말이지.

발아는 온도, 습도, 공기(산소)에 영향을 받는다. 발아의 순간은 언제나 놀랍다. 땅바닥에 쩍쩍 실금이 갈라진다. 두런거리는 소리에 화들짝 놀라 여기저기를 살핀다. 조짐이 심상치 않다. 틀림없다. 다름 아닌 탄생의 낌새! 설렘 그 자체다! 푸르뎅뎅하면서도 누르스름한 순이 수군거리며 배시시 고개를 치켜들고 밖을 내다본다! 처음 보는 신기한 세상! 어느새 여기저기서 삐죽삐죽 어여차, 영차! 고래고래 소리 지르며 잇달아 머리를 들이밀고 숨 쉴 겨를도 없이 치민다. "아! 발아다, 싹이 올라온다!" 내 고함소리다.

샛노란 싹들이 영차! 영차! 힘차게 흙 더께를 떠밀고 오른다. 흥분의 극치다. 흙을 머리에 이고 솟아오르는 발아는 정월 초하룻날의 해돋이나 다름없다. 희망의 싹이요 꿈의 움인 것이다. 탄생의 기쁨을 만끽하는 순간이다. 그 즐거움을 필설筆舌로

다 못함은 나의 불찰이다. 저 연약하고 어린 것이 무럭무럭 자라 아리따운 꽃을 피우고 튼실한 씨를 맺을 것이다!

　온 사방 구덕마다 생일잔치가 벌어진다. 서로 떡 달라고 입을 쩍쩍 벌린다! 나도, 나도요! 땅을 밟고 일어선 저 새싹들, 새로운 탄생은 정녕 영롱하고 현란하며 더없이 아름답다! 무사히 너의 한살이를 너저분하거나 추레하게 끝내지 말고 곱게 마감하기를 기원한다. 하물며 노추老醜·노탐老貪은 더욱 안된다. 나도 세상을 꽤 오래 살아 봤지만 한살이가 그리 녹록치 않고 호락호락하지도 않더라. 숱한 어려움이 너를 기다리고 있으매……. 더러는 삶을 포기하는 자도 나오겠지. 삶을 만만하게 여기지 말고 깊고 더 깊게 뿌리박아 굳세게 살아갈 것이다. 갓난 귀여운 핏덩이들, 눈에 넣어도 아프지 않아 보이는 손자에게 이르는 이 할부지의 부탁, 참따랗게 살라는 말이었다.

　내 영혼을 갉아먹고 자라는, 아니 내 혼백을 온통 쏟아부은 이 무던한 녀석들아! 사람이 100년을 산다 치면 너희들은 길어야 고작 200여 일이면 일생을 마감한다. 그러니 잠시도 쉴 겨를 없이 마냥 자람, 거기에만 온 힘을 다 쏟아야 한다. "서두르지 말되 또한 게으르지 말라."라고 주자朱子는 말씀하셨다. 내일이면 귀가 안 들릴 사람처럼 새의 지저귐을 듣고, 내일이면 코로 냄새를 못 맡을 사람처럼 꽃냄새를 맡고, 내일이면 눈이 안 보일 사람처럼 세상을 보라! 그리고 노마駑馬를 포함해서 낡고 늙어 둔해질 대로 둔해진 이들에게도 한마디 한다. "쓰지 않아 삭는 것보다 써서 닳는 것이 낫다." 잊지 말라, 늙어 삭느니 닳아 늙을 것이외다!

씨앗의 싹틈과 아기의 탄생이 하나도 다르지 않다. 노리끼리한 새순을 보는 순간 "야, 드디어 싹이 났다." 하고 환호작약歡呼雀躍, 기뻐 펄쩍펄쩍 뛴다! 설렘, 가슴에 격랑이 일고 머리에 불꽃이 튄다!

옆에서 누군가가 그 내 꼬락서니를 봤다면 틀림없이 '미친 놈'이라 흉깨나 봤으리라! 뭐니 해도 농사에서 썩힘을 배우고 또 기다림을 배운다! 양수득양인술養樹得養人術, 나무를 키워 봐야 가르치는 법을 안다. 그게 어디 나무뿐일라고. 곡식과 채소 키우기도 다르지 않으니, 키움과 가르침은 마냥 기다리는 것! 절대로 닦달한다고 되지 않는다. 어린 싹의 목을 잡아 늘인다고 크지 못한다. 결국은 죽이고 만다. 봄씨 심기는 나에게 기다림을 가르친다! 그 기다림은 꿈이요 바람이다, 몹시 참기 어려운 갈구渴求요 갈망渴望인 것. 한마디로 밭은 심신心身을 닦고 바로잡는 나의 수도장이다. 그래서 농사는 나에게 마음의 양식도 준다. 소원컨대 삶의 끝이 초라하지 않게 차라리 밭을 매다가 스르르 엎어져 죽어 버렸으면 좋겠다.

흙은 어디에서 오는가

흙의 탄생

물에 사는 생물 빼고는 죄다 흙에 산다. 사람은 말할 필요가 없고, 여러 동식물이 살아가는 생활터전이자 생명을 유지하는 데 필요한 물과 양분을 저장하고 공급하는 역할을 하는 것이 흙이다.

흙은 다른 말로 '토양 土壤'이라고도 한다. '土'는 지평선 위에 풀과 나무가 자라고 있는 상태를, '壤'은 덩어리로 되지 않은 부드러운 흙을 말한다. 영어에서 보자면 'soil'은 고대 프랑스어와 라틴어의 'solum'이란 말에서 유래한 것으로, '바닥 floor' 또는 '지면 ground'의 뜻을 지니고 있다. 말 그대로 '토양단면 土壤斷面'에서 암석이 풍화된 상층부분의 흙'을 가리킨다.

토양생성과 암석의 풍화작용
무릇 흙이란 지구의 바위 껍데기가 긴긴 세월을 겪으면서 풍화작용에 의해 자디잔 가루로 부스러진 것이다. 토양에는 많은 무기물질과 유기물질이 들어 있다. 이 가운데 무기물질의 근본은 암석岩石, rock이다. 이것이 햇빛·비·바람 및 강물 등에 의하여 풍화風化·침식浸蝕되어 커다란 돌덩어리가 되고, 더 나아가서는 모래로 되며, 이들이 또 지름 0.002밀리미터 이하인 미립자로 구성된 점토粘土, clay에까지 이르게 된다.

토양생성土壤生成, soil formation에 있어 가장 기본적인 작용은 풍화작용風化作用, weathering이다. 암석이 오랜 세월 동안 비·바람·안개·천둥·번개·기온의 차 그리고 생물들의 여러 작용을 받으면서 느릿느릿 변화되어 점차 미세한 입자로 바뀌고, 거기에 화학적인 작용이 더해지면서 분해되어 끝내 본질本質이 변하게 된다. 암석이 부드러운 물질(흙)이 생성될 때까지의 작용을 풍화작용이라 하고, 그 후 토양단면이 만들어지는 과정을 토양생성작용이라 한다. 이와 같이 암석은 형태가 변화되는 물리적(기계적) 풍화작용physical weathering, mechanical weathering과 성분이 분해되어 그 성질이 변화되는 화학적 풍화작용chemical weathering, 생물에 의한 변화가 일어나는 생물적 풍화작용biological weathering을 거쳐 흙이 되는 것이다.

말이 나온 김에 풍화작용에 대해 좀 더 깊이 알아보자. 물리적 풍화작용에는 온열溫熱·바람·물 등의 요소가 영향을 미친다. 온열의 변화가 심하면 암석의 표면은 팽창 또는 수축되는데, 암석은 열에 대한 부전도체이므로 표면과 내부의 온도차가 커지고, 이것이 오랫동안 되풀이됨으로써 균열이 생기고 붕괴된다. 바람은 침식·운반·퇴적의 3가지 작용으로 토양생성에 관여한다. 긴긴 세월 모래나 가벼운 풍화물질이 바람에 날려 암석에 부딪히면 그 표면이 깎이고 부스러진다. 이처럼 바람에 의하여 암석이 부서지는 현상을 풍식風蝕이라고 한다. 또 빗물·강물의 흐름·빙하 등에 의한 풍화작용도 있는데, 이것들도 모두 바람처럼 침식·운반 및 퇴적작용을 한다. 수적석천水滴石穿이라, 물방울도 오래 떨어지면 돌을 뚫는다! 작은 일도 오래 계속한 바가 쌓이면 크게 된다는 뜻이 아닌가. 수적성천水積成川이요 토적성산土積成山이다. 적은 물도 모이고 모이면 큰 냇물을 이루고, 적은 흙도 차차 쌓이면 큰 산을 이룰 수 있다. 빗방울의 힘은 아주 미약하지만 오래오래 계속되면 마침내 암석을 깎고 만다. 돌에 빗방울이 떨어져 그 자국이 화석化石으로 남은 것이 있는데, 이를 빗방울자국우흔 雨痕, rain print이라 한다.

화학적 풍화작용이란 바위나 토양 중의 쇳돌광물 鑛物이 여러 가지 영향을 받아 그 화학적 조성이 다른 새로운 물질로 변화되는 것을 말한다. 물리적 풍화작용을 '붕괴崩壞'라고 하는데 대對하여 화학적 풍화작용은 '분해分解'라고 한다. 산화酸化·

환원還元 · 가수분해加水分解 · 탄산화작용炭酸化作用 · 수화작용水化作用 · 용해溶解 등 여러 가지 반응이 화학적 풍화작용을 일으킨다. 이런 반응들은 홀로 일어나는 것이 아니고 서로 모조리 얽히고설킨 상태로 작용한다.

생물적 풍화작용에는 동물·식물·미생물 등 모든 생물이 관여한다. 동물에 의한 풍화작용은 대개 물리적이고, 식물 뿌리와 미생물에 의한 풍화작용은 주로 화학적이다. 이들은 호흡을 통해 이산화탄소를 생성하고, 탄산염炭酸鹽 또는 중탄산염重炭酸鹽을 만들어 암석의 분해를 촉진한다. 다시 말해 동물들이 발로 밟거나 걷어차서 바위가 조금씩 떨어져 나가는 것을 생물적 풍화작용이라 할 수 있겠고, 세균이나 곰팡이, 버섯들도 토양생성에 작용한다는 뜻이다. 그런데 큰 플라스틱 화분에 심은 유카Yucca나무 뿌리가 얼마나 힘이 센지, 화분을 쩍! 찢고는 뿌리를 밖으로 내밀고 있는 모습에 나도 모르게 입이 짝 벌어진 경험을 하였다. 그 단단한 플라스틱을 어떻게 밀어제쳐 짜개 놓는단 말인가! 바위틈에 뿌리를 우겨 넣고 낙락장송落落長松으로 자라는 소나무를 본 적도 있다. 소나무의 뿌리는 바위에 기계적인 힘을 가하고 있을 것이다. 바위에 커다란 징을 박고 망치로 내리치는 꼴이다! 땅, 땅, 땅! 주야장천晝夜長川 얼음 바람이 불고, 바위 틈새에 물이 들어가 부풀어 얼어터지고……, 끝내 바위 조각이 좌르르 아래로 흘러내리는 날이 오고야 만다.

풍화작용이 어디 땅에만 오는가

수십 년, 수백 년, 수천 년, 수만 년, 수억 년에 걸쳐 조금씩 더디게 일어나는 것이 풍화작용이다. 여기서 '수십 년'을 빼고 나면 나머지는 우리와는 직접 관련이 없는 숫자들이로군! 그렇다고는 하나 풍화작용이 어디 땅에만 오는가. 낯짝·오장육부·손발바닥·머리털, 아니 오는 곳이 없구나. 나는 머리카락이 하얗게 풍화되고 말았다. 『구약성서』「잠언」에 "백발은 빛나는 면류관冕旒冠, 착하게 살아야 그것을 얻는다."라고 하니 조금은 위안이 되도다. 94세로 타계한 극작가 쇼GEORGE BERNARD SHAW의 묘비명이 갑자기 떠오르는 것은? "우물쭈물하다가 나 이렇게 될 줄 알았지." 나이는 숫자일 뿐(Age is only number)이라고 하지만 그렇지 않다. 나이의 중력은 풍화되기 전의 암석만큼이나 무거워 온몸을 짓누른다! 매화는 늙을수록 품격品格이 높아지는데 왜 사람은 노老할수록 추醜해지는가?

풍화작용의 속도는 풍화되는 물질의 종류와 시기에 따라 다양하다. 사람도 '세월의 풍화작용'에 따라 부득불不得不 늙어 비틀어지고 만다. 몸의 가운데 토막인 허리도 휘어 굽어지고, 무릎도 저리고 아려 오며, 얼굴에 바싹 마른 저승버섯이 피어오른다. 주름살이 늘어만 가며 행동도 우둔해지고 목소리도 힘을 잃는다. 입맛도 줄어 먹는 양도 전만 못하고, 조금만 과식을 해도 배가 더부룩하고 거북하여 소화에 힘이 든다. 애써 힘들여 움직이면 덜컥 숨이 가빠 오고, 눈도 침침해지고 귀도 먹어 가는 것은 물론이고 엄마에게서 받은 이빨도 하나 둘 탈치脫齒가 늘어만 가니 야문 것은 질색이다. 사람의 노쇠老衰함도 사람마다 달라서 '티코 형'과 '벤츠 형'으로 나누어진다. 노화는 제 탓도 있지만 물려받은 내림에 달렸다. 티코나 벤츠나 언젠가는 다 폐차장에 가긴 마찬가지지만 말이다. 그러나 명命이란 것이 요상하여, 예순 살 전에는 제가 살고 있는 생활환경이나 생활습관들에 매인다 하겠지만 환갑이 넘으면 내림물질(유전인자)이 더 무게를 차지한다. 하여 아무리 오래 살아 보려고 난리를 치고 발광을 해도 무용無用이다. 오래 살려면 모름지기 장수 집안에 태어나고 볼 일이다.

해와 달 그리고 푸른 지구

누가 뭐라 해도 우리는 태양을 먹고 산다. 백과사전에서 '태양' 항목을 찾아 펼쳐 보니, "지구에서 가장 가까운 항성으로, 표면의 모양을 관측할 수 있는 유일한 것이다. 또한, 태양은 주요 에너지 공급원으로, 인류가 이용하는 에너지의 대부분은 태양에 의존한다. 수력·풍력도 모두 태양에 유래하고, 나무·석유·석탄도 태양열을 저장한 것이며, 오직 조석력 潮汐力·화산·온천·원자력 등이 직접 태양열에 의존하지 않는 에너지 자원일 뿐이다."라고 돼 있다. 어물쩍 넘어갈 일이 아니다. 어디 좀 보자꾸나.

오, 나의 태양이시여!

먼저 우리가 제일 많이 먹는 '쌀밥'을 한번 보자. 쌀은 탄수화물 炭水化物로 다당류 多糖類인 녹말 starch 약 22퍼센트, 단백질 약 8퍼센트, 지방 약 2퍼센트 등으로 이루어진 종합식품이다. 이 쌀은 누가, 어디에서 만든 것인가? 그렇다. 논의 벼 잎에서 햇빛(빛에너지)을 받아서 광합성을 한 것이 아닌가? 이파리의 엽록체에서 빛에너지·이산화탄소·물·거름(비료)을 자료로 하여 녹말을 만든다. 그 녹말이 다름 아닌 쌀밥이다. 쌀밥에 든 녹말·단백질·지방이 우리 몸에 들어와서 에너지를 내어, 우리 몸의 활동에 쓰이니 결국 그 에너지는 그 근원이 태양인 것이다. 그러니 우리는 태양을 먹는 것이 아닌가? 우리가 먹는 모든 식물성 음식은 태양이 만든 것. 우리가 나부대고, 글 읽고, 숨쉬고, 밥 먹고 하는 데 필요한 힘은 모두 저 하늘의 태양에서 온 것이란다!

그러면 동물성 음식인 달걀이나 쇠고기·생선은 어떤가. 이것들도 다 식물성먹이를 먹고 자란 것으로, 그것들을 우리가 먹는다는 것은 결국 태양을 먹는 것이 아닌가? 굴석화 石花 하나를 먹어도 태양을 먹는 것이고, 오렌지주스를 마셔도 태양을 마시는 것이다. 그러고 보니 정말 그렇다. 얼토당토않는 것 같더니만 말이 된다.

먹는 것은 그렇다 치고, 에너지의 대명사처럼 알려진 석유·석탄·전기는 과연 어디에서 온 에너지란 말인가. 석유부터 보자. 석유는 고생대부터 신생대에 걸쳐 여러 지층에 존재하지만, 특히 중생대 백악기의 지층과 신생대 제3기의 지층에서 많이 난다. 석유의 근원이 된 유기물은 태고의 바다나 호수의 바닥에 쌓인 플랑크톤이나 조류漢類에서 생긴 것이다. 이것이 토사土砂와 함께 조금씩 퇴적하였고, 이 퇴적물은 시간이 경과함에 따라 지하 깊숙이 매몰되어 농축되었다. 그것을 파내어 정유하여 여러 형태로 쓰고 있는 것이다. '석유'라는 뜻을 가진 영어의 'petroleum'은 그리스어 'petros 바위'와 'oleum 기름'에서 유래한다. 결국 석유라는 것도 수억 년 전의 생물에서 얻는 것으로, 그것들이 가지고 있는 에너지는 태양에너지라는 것을 알 수 있다.

그럼 석탄은? 거칠 것 없이 말할 수 있으니, 약 3억 년 전 고생대에 살았던 양치식물羊齒植物이 화석화된 것이다. 양치식물의 잎에서 광합성으로 저장한 태양에너지가 훨훨 타면서 열을 내니 그것 역시 태양에너지에서 온 것이다. 거참, 태양에너지가 아닌 것이 없구나! 연탄의 열은 물론이고 화력발전소에서 나오는 전기도 석탄이 타면서 내는 에너지로 터빈을 돌려 만들어진 것이로다. 이 글을 읽으면서 우러나는 '설렘' 또한 from solar energy!

그럼 수력발전소에 나오는 전기는? 땅바닥이나 강·바다의 물이 햇빛 에너지를 받아 수증기가 되었다가 비로 떨어진 것을 모아, 아래로 내려보내면서 역시 터빈을 돌려 전기에너지를 얻는다. 이것 또한 태양에너지다.

이제 알았다. 태양은 어둠을 밝히는 것 정도로 여겨서는 안된다는 것을! 더 강조하지 않아도 독자 여러분은 알 것이다. 왜 태양이 우리의 '아버지'인가를. 태양이 없다면 지구는 존재하지 못한다. 에너지가 고갈되어 식물이 죽어 버리고 따라서 동물이 사라져 버린다. 고마운 태양님이시다! 오, 나의 태양이시여!

쟁반같이 둥근 달

해와 달은 우리와 아주 가까운 사이다. 그렇다! 지구는 스스로 회전(자전)하면서 해를 안고 돌고(공전), 달도 제 스스로 돌면서 지구를 품고 돈다. 한사코 서로 부둥켜안고 돌고 또 도는구나! 너 없인 내 못살고 내 없인 너 못살겠다고 서로 그런다. 지구는 해를 돌고, 달은 그 지구를 돌고 있다니, 놀이기구도 이런 기구가 없다. 저희들끼리 놓지 못하겠다고 서로 잡아 끌어당기고 있으니 그것이 인력引力이다.

달은 지구와의 평균 거리가 약 38만 4,400킬로미터(지구의 둘레를 약 40,000킬로미터로 보면 약 열 바퀴의 거리가 됨) 떨어져 있어서 지구 주위를 서에서 동으로 공전한다. 광속光速은 1초에 약 30만 킬로미터(30만km/sec)이므로 그 속도로 따지면 지구에서 달까지 1.3초가 걸린다. 대략 달까지의 거리가 얼마인가를 짐작하겠다. 그렇다면 지구와 태양과의 거리는 얼마나 될까? 지구에서 태양까지 광속으로 약 8분 18초가 걸린다고 하니, 30만 킬로미터×8분 18초로 계산하면 약 1억 5천만 킬로미터가 된다. 얼마나 먼지 감이 오지 않는다. 소리의 속도(섭씨 15도에서 약 340m/s, 온도가 높으면 음속이 빨라짐)로 가면 14년 8개월이 걸리고, 로켓 속도로 5개월, 사람이 걸어간다면 약 4,270년이 걸리는 거리다.

달의 크기는 지구의 3분의 1보다 조금 작으며, 적도지름은 약 3,476킬로미터 정도다(지구의 평균반지름은 6,371킬로미터). 질량은 지구의 81.3분의 1에 불과하며, 지구의 밀도가 5.52g/cm³인 데 비해 달의 밀도는 약 3.34g/cm³이다. 달은 태양빛을 반사해 빛을 내는데 반사율 알베도 albedo 즉, 받은 빛을 반사하는 비율은 0.073에 불과하다. 반사율을 사전에 찾아보니, "일반적으로 빛은 지면과 같은 고체에서는 주로 흡수되지만 대기 속에서는 주로 산란되므로 대기를 가지는 행성의 알베도는 대기가 없는 천체보다 훨씬 크다. 예컨대 대기가 없는 달은 약 0.07, 수성은 약 0.06인 데 반해 대기가 있는 지구는 0.35, 금성은 0.85(대기 속에 이산화탄소의 양이 많기 때문에 지구보다 반사율이 더 큼)이다."라고 한다. 그렇구나, 다른 별들도 모두 태양의 빛을 반사하여 반짝이는 것이고, 샛별금성 金星, gold star이 또렷하게 빛나는 까닭이 거기에 있었다. 샛별이 지구보다 그 밝기가 두 배나 된다 하니 말이다.

달은 자전축을 중심으로 29.5일 만에 한 바퀴씩 자전하는데, 이 주기는 달이 지구 주위를 한 바퀴 공전하는 시간과 같다. 따라서 지구에서 볼 때 달은 거의 같은 면만 보이게 된다. 달에서 눈에 가장 잘 띄는 구조는 구덩이크레이터 crater다. 이들 구덩이는 지름이 약 200킬로미터 또는 그 이상 되는 것도 있으며, 큰 구덩이의 대부분은 별똥운석 隕石, meteorite이 빠른 속도로 달과 부딪쳐 생겨난 것들이다. 그러나 지름이 1킬로미터 이하인 작은 구덩이는 화산폭발로 생겨났을 수 있다고 한다.

지구라는 작은 기적

지구가 뭔가? 땅 아닌가?! 땅이 태어나야 생명들이 나타난다. 내가 살고 있는 지구는 물경勿驚 45억 년 전(그래 봤자 태양 나이의 고작 100만분의 1에 지나지 않지만)에 만들어졌다 한다. 대략 35억 년 전에 처음으로 생명이 탄생하였다고들 하는데, 지구 태초의 진면목眞面目은 어떠했을까. 그때는 별똥들이 쉼 없이 지구를 냅다 때렸고, 지구의 자전속도가 꽤나 빨라서 하루가 지금보다 짧은 18시간이었다고 한다. 또 지구에서 해를 보면 지금의 별들처럼 흐릿하였고, 대륙(땅)은 없고 단지 크나큰 화산암火産岩이 드넓은 바다 밑에서 조금씩 위로 들고일어나기 시작하였으며, 너울거리는 용암熔巖, magma이 분출하는 터에 스산한 바람 소리만이 아스라이 지구의 존재를 알렸을 뿐 마냥 사위가 적료寂廖하였다고 한다. 쉽게 말해 속세를 떠나 마음대로 편안하고, 적적하고, 고요하였던 것이다. 더할 나위 없는 그 멋진 세상에 살고 싶다! 어디서나 어느 것이나 탄생은 아름다우나 불완전한 것일까. 어쨌거나 바이러스도 세균도 없었던 그 황량하기 짝이 없던 땅에 문득 생명체가 나타나서 상상도 못할 속도로 생멸生滅의 뒤바뀜이 반복하여 일어났다. 숲이 생기고 강이 흐르며 바닷물이 출렁거리는 한결같은 지금의 지구 모습에 이르게 되었다고 한다. 살아 보지도 않은 사람들이 그때 일을 어찌 이렇게 잘도 알고 있담!?

지금껏 믿으려 애를 써도 믿어지지 않는 것이 — 그런 것이 어디 한둘일까만 — 지구가 태양의 둘레를 돈다는 것이다. 게다가 지구 저도 하루에 한 바퀴씩 빙그르르 돈다고 하지 않는가. 바로 섰다가 바로 눕기도 한다는 말인데, 지구가 끄는 힘이 있어서 우주로 떨어지지 않고 지구에 딱 붙어 있다니 어디 믿어져야지? 팔딱 뛰어 우주를 날고 싶으나 뉴턴ISAAC NEWTON이 잡아당기니 다시 제자리로 떨어지고 만다. 만유인력萬有引力, universal gravitation이라는 것이 말이지……. 오랜만에 들어 보는 만유인력이다. 우주인력宇宙引力이라고도 부르는 것으로, 우주 간에 있는 온갖 질량을 가지고 있는 것은 서로 잡아당기고 있으니 책상이 책을, 연필을, 내 안경을 잡아당긴단다.

만유인력의 크기를 계산하는 공식은 $F = GMm/R^2$이다. 여기서 G는 만유인력상수, M과 m은 두 물체의 질량, R은 두 물체 사이의 거리이다. 쉽게 말해서 그 힘(인력)은 질량이 클수록 커지고, 둘 사이의 거리가 멀수록 작아진다는 말이다. 사랑의 법칙은 'out of sight, out of mind'라고 한다. 멀리 있어 보지 않으면 사랑도 식는다. 그러므로 가까이 있어 생기는 끌림(인력)이 사랑이다! 마음이 가까이 있고, 그 마음이 크면 클수록 사랑도 커진다!

진정 지구보다 더 나를 붙들고 끌어안는 것이 어디 또 있는가? 누워도, 앉아도, 걸어도 우리를 잡아끄는 지구다! 그래서 지구는 우리의 어머니라고 한다. 하나밖에 없는 어머니를 잘 보살펴드릴 것이다. 세상 떠나고서 울고불고 안달복달해도 아무 소용없다. 인공위성이 찍은 사진 속의 지구는 너무나 아름다운 푸른 보석이었다! 저 속에 내가 살고 있다니! 역시 믿어지지 않지만 그래도 믿기로 했다. 저 '보물 같은 돌'에서 잠깐 살다 가는 우리들이 아닌가. 특히나 나 같은 늙다리는 언제 여기를 떠나야 할지 모른다. 아니다, 이미 인생의 저녁에 이르렀다. 왜 그걸 모르고 영생永生이나 할 것처럼 나대는지 모르겠다. 죽음이 벌써 나를 향해 손짓하는데 어쩌란 말인가! 풀 한 포기도 생명이 있어 소중한 것. 착하게 살아도 짧은 인생이라 했지. 술을 좋아하면 술친구가, 책을 좋아하면 책친구가 많아진다 했고, 꽃밭에 뒹굴면 몸에서 꽃향내가 풍겨 나고 시궁창에 발을 담그면 고약한 냄새가 따른다. 맑고 밝은 것을 끌어당겨야 그 인생이 향기로워진다. 어질고 실박하게 살다 가리라! 이별은 만남의 다른 말이고 슬픔은 기쁨의 다른 말이라 했던가. 울음 속에 기쁨이 놀고 웃음 안에 슬픔이 깃든다고 했지.

지구를 지구답게 만드는 물

물(H_2O)이 있어 지구는 지구로서 존재할 수 있다! 모든 생물들이 사는 강과 바다 그리고 지표면을 생물권生物圈, biosphere 이라 하는데, 이런 생물권은 오직 지구에만 존재하는 특수한 환경이다.

대체 물이 무엇이며 어떤 특성을 가지기에 '생명이 시작하는 물', '생명은 곧 물, 물이 바로 생명'이라고들 하는 것일까? 생명체 치고 물이 주성분이 아닌 것이 어디 있던가. 우리 몸도

70퍼센트가 넘게 '물바다'이니 물 없이는 한시도 살 수가 없다. 생물체가 물 덩어리라는 것은 어떤 점에서 유리한 것일까.

첫째, 물은 지구상에서 암모니아 다음으로 비열比熱이 큰 물질이다. 물 1그램을 섭씨 1도 올리는 데 무려 1칼로리가 든다. 다시 말하면 외부 온도가 변하더라도 물의 온도는 잘 바뀌지 않는다는 의미다. 이 때문에 물이 주성분인 생물체도 외부 온도가 올라가거나 내려가도 영향을 덜 받고 안정적으로 체온을 유지한다. 만약 생물체가 쇠나 돌멩이로 되었다면 온도의 변화에 민감하여 체온도 들쭉날쭉, 오르락내리락할 뻔했다.

둘째, 물 1그램을 수증기로 바꾸는 데는 기화열氣化熱이 물경 500칼로리가 든다. 즉, 더울 때 적은 땀(물)을 흘리면서도 쉽게 체온을 식힐 수가 있다. 목욕탕 사우나실의 온도는 꽤나 높다. 그러나 우리 몸이 물로 되어 있기에 곧바로 체온이 올라가지 않는 것은 물론 적은 땀을 흘려서 쉽게 체온을 떨어뜨릴 수가 있다.

셋째, 물은 섭씨 4도에서 비중比重이 가장 크다. 즉 제일 무겁다. 대부분의 물질은 온도가 내려가면 갈수록 무게가 무거워지지만 물은 4도에서 가장 무거워졌다가 온도가 더 떨어지면 되레 가벼워진다. 때문에 물이 얼음이 되면 가벼워져서 물 위로 떠오르게 된다. 얼음이 물보다 더 무거웠다면 호수나 강은 바닥부터 온통 얼어붙을 뻔했다. 그렇게 되면 물속에 생물이 살지 못한다. 물풀은 물론 조개나 물고기가 얼음 속에 묻혀서 수생생물이 멸종되고 만다. 오묘한 물의 특성이다!

넷째, 물은 수은을 제외하고는 표면장력表面張力이 가장 크다. 물 표면이 팽팽한 힘을 가지므로 물 위에 소금쟁이가 뜰 수가 있고, 세포가 일정한 형태를 유지할 수 있다. 생물체들이 팽팽하게 제 모양을 유지하는 것은 세포 안에 들어 있는 물의 표면장력으로 겉이 탄력성을 가지기 때문이다.

다섯째, 물은 어느 액체보다도 점도粘度가 낮다. 물이 끈적끈적하고 걸쭉했다면 물이 주성분인 피가 어떻게 13만 킬로미터가 넘는 그 긴 실핏줄모세혈관毛細血管을 흘러갈 수 있겠는가. 건강하려면 물을 많이 마시라고 한다. 그것은 피의 점도를 묽게 하여 혈관을 술술 잘 흐르게 하기 위함이다. 피가 제대로 흐르지 못하면 영양분과 노폐물 운반에 지장을 받는다.

여섯째, 물은 어느 용매溶媒보다 소금을 잘 용해시킨다. 우리 몸에서 소금이 얼마나 중요한지! 소금을 적게 먹으라고 했지 "먹지 말라."라는 말은 들은 적이 없을 것이다. 소금은 세포막의 대사에서부터 신경에서 일어나는 흥분의 전달 등 절대적인 생리기능을 한다. 물이 있었기에 이렇게 소금을 잘 녹일 수가 있다니, 이 또한 물의 신성함이 아니고 뭔가! 이제야 종교와 물이 왜 그렇게 끈끈한 끈을 맺고 있는지 짐작이 간다. 정녕 물은 물이 아니고 생명의 원천이요, 생명 그 자체로다. 그렇구나! 물(바닷물이 아닌 민물. 물론 해수에 담수를 뽑아내기도 함)이 있어야 생명이 있을 수 있구나! 우리는 죽을 때까지 그 생명의 물을 마실 것이다. 물이 목을 못 넘어가는 순간이 죽음이다. 낙명落命·절명絶命 말이다. 태어나서 긴 세월 살아오면서 얼마나 많은 양의 물을 마시고 썼을까? 참 고마운 물이다. "물같이 헤프게 쓴다."라고 하는데, 이제는 물이 금金이다. 물을 사먹는 세상이 올 줄 누가 알았겠는가. 모름지기 아끼고 아낄 것이다. 지구도 이제 젖이 거의 다 말라 간다.

물이 생명

지구 지표면의 약 71퍼센트는 물로 덮여 있다. 그러니 흙이나 바위로 덮인 땅은 약 29퍼센트에 지나지 않는 셈이다. 구체적으로 해수海水, sea water가 약 97.2퍼센트, 빙하氷河, glacier가 약 2.15퍼센트, 지하수가 약 0.625퍼센트를 차지하고, 나머지 지표수地表水 중에서 호수는 약 0.0006퍼센트, 강은 약 0.0001퍼센트다. 결론적으로 인간이나 생물이 실제로 쓸 수 있는 민물淡水, freshwater은 전체 물(해수＋담수)에서 코딱지만 한 약 0.0007퍼센트에 지나지 않는다. 우리 주변에서 보는 강물이나 호수물이 고작 그 정도라는 뜻이다. 그것으로 먹고 마시고, 목욕하고 설거지하고, 농사를 짓는다. 죽어라 쓰고 또 쓴다. '삼천리금수강산'이라고 잔뜩 생색내는 우리도 물 부족국가로 분류되고 있으니 아프리카 등지의 사람들은 오죽하랴.

이 통계에서 우리의 눈을 끄는 것은 약 0.625퍼센트나 되는 지하수다. 땅 밑에 큰 강이 흐르고 호수가 있으니 그것을 퍼올려 '생수生水'라 하여 가져다 판다. 호수와 강물을 더한 비율(약 0.0007퍼센트)에 지하수의 비율(약 0.625퍼센트)을 견주어 보면 지하수의 가치를 단박에 알 수 있으며, 지하수의 오염을 막아야 하는 절박切迫함을 느낄 것이다. 알뜰하게 잘 간수해야 하는 땅 밑의 물! 강과 호수는 다 썩어 빠졌으니 믿을 건 지하수밖에……. 땅속을 흐르는 강, 거기에서 물이 위로 올라오니 그것이 논밭을 적시는 것이다. 대낮에 밭이 말라도 밤을 지나고 나면 아침 밭이 축축하게 젖으니 그 물은 바로 지하수가 모세관현상毛細管現象, capillary action으로 배어 올라온 탓이다. 날이 가물면 지하수도 동이 나서 물이 올라오지 못하여 안타깝게도 큰 한발旱魃을 당한다.

어쨌거나 물이란 모든 생물에 없어서는 안된다. '생명수生命水'라 하지 않는가. 어떤 세포는 물이 98퍼센트가 넘는 것도 있다. 세포의 대부분이 물이기에, 물 없으면 생명을 유지하지 못한다. 죽어라 목이 타는 경험해 본 사람이라야 '목마름'이란 말을 알듯이, 고생을 겪어 본 사람이라야 행복의 단맛을 아는 것! 갈증은 우리 몸에 물이 빠져 세포들이 쪼그라들었다는 신호다. 물이 부족하면 식물의 잎도 시름시름 시든다. 그러나 물을 주면 금세 시듦이 사라지고 땡땡하게 생기를 되찾는다. 그러나 너무 오래 시들면(영구 시듦) 물을 줘도 '소생蘇生'하지 못한다. '회생回生'이라 해도 좋다. 사람도 물을 많이 마시는 사람은 세포가 팽팽해져서 얼굴에 주름이 덜 진다! 물은 몸 안의 노폐물을 씻어 내고, 피를 묽게 하여 핏줄이 막히지 않게 하고 피돌기를 북돋우기에 물을 많이 마시면 오래 산다고 한다. 모름지기 물을 많이 마실 것이다.

태양·달·지구를 훑어본 것은 우리 인간이 광대한 우주의 한구석 자리에서 너무나 미미微微한 존재이며, 또 영겁永劫의 긴 세월에 눈 깜짝할 사이 머물다 가는 것임을 강조코자 한 것이다. 코딱지만도 못한 것이 눈곱자기만큼 살다 가는 우리 인생인데, 착하게 살다 가는 것도 모자라는 시간이 아니던가. 모름지기 선업善業을 쌓아야 선과善果를 얻을 것이요, 족足한 마음에 복이 깃들고 감사하는 마음에 길이 트이는 법이다! 어쨌거나 세월은 참 잔인하다.

흙이 물을 머금다

'어머니는 땅이요 아버지는 물'이라 한다. 장^{항상} 거름이 적은 모래땅은 물을 품지 못하듯 마음이 가난한 자는 푸근한 사랑을 품지 못한다. 사람 냄새를 풍기지 못하는 인간은 흙냄새를 내지 않는 흙일 따름이다. 결국 지렁이나 토양미생물들이 버글버글거리는 걸고 기름진 옥토沃土라야만 옳게 물을 간직한다. 촉촉한 흙에는 여러 생물이 득실거린다. 하여 흙은 그저 흙이 아니라 살아 숨 쉬는 생명체, 그 자체라고 하는 까닭이 여기에 있다. 침수浸水란 흙에 물이 스며드는 정도를 말하고, 보수保水란 스며든 수분을 놓치지 않고 흙이 얼마나 잘 붙들고 있느냐 하는 것이다. 단단한 흙에는 물이 잘 스며들지 않을뿐더러 그 물을 오래 보관하지 못하고 다 날려 보내고 만다. 이처럼 흙의 물이 공중으로 날아가 버리는 것이 증발蒸發, evaporation이다.

생명을 키우는 흙이 되려면

먼저 모세관현상에 관해 알아보자. '모세관'이란 '털같이 아주 가는 관'이란 뜻이다. 흙 알갱이들은 틈 없이 서로 바싹 밀착密着해 있는 것이 아니라, 작은 틈새가 열려 있어 그 틈새가 아래위로 이어져 작은 물기둥을 이루고 있으니 그것이 바로 모세관이다. 이처럼 액체가 지나갈 수 있는 아주 가는 관을 모세관capillary tube이라 하고, 이렇게 가는 관을 타고 물질이 이동하는 현상을 모세관현상, 관 속의 액체들이 서로 잡아당기는 현상을 모세관인력capillary attraction이라 한다. 방 공기가 건조하면 대야에다 물을 붓고 거기에 수건 끝을 담그고 위로 당겨 걸어 둔다. 조금만 지나면 수건이 물로 적셔지는데, 이것은 물이 섬유 모세관을 타고 올라간 탓이다. 식물의 줄기에 있는 물관과 체관 속을 물과 양분이 흘러가는 것도 같은 원리다. 모세관현상은 수직 방향으로만 일어나는 것은 아니다. 수건의 방향에 상관없이 섬유 사이를 옆으로도 스며드는 것이 물이다.

밭에서도 물이 수많은 모세관을 타고 위로 올라와 겉흙표토表土, topsoil에 당도當到한다. 흙이 품고 있던 물과 저 아래에 있는 지하수의 물이 물기둥을 이뤄 올라오는 것이다. 하여 밭이 물에 흥건하게 젖으면 이내 제 색色을 낸다. 흙을 갈아엎어 놨을 때의 그 토색土色을 본 적이 있는가? 벌거벗은 흙의 속살이 내는 그 원초의 색깔 말이다! 지렁이, 두더지가 되어 그 속을 파 뒤집고 들어가고 싶은 흥감興感을 느끼게 한다!

　그런데 날이 몹시 가물면 흙은 품고 있던 물을 다 잃고, 밭은 타들어 간다. 가물귀신 한발이 달려들면 그만 흙 껍질이 원색原色을 잃고 퍼석퍼석 저승점이 박히기 시작한다. 물을 잃고 타들어 가는 밭 흙은 죽음에 다다른 내 모습일 터. 토양미생물들이 목말라 죽겠다, 살려달라, 아우성이다. 갈이천정渴而穿井이라, 목마른 사람이 샘 판다. 요새는 굴 파는 기계로 관정管井을 깊게 파서 지하수를 끌어올리기도 하지만 옛날 내 어릴 때만도 언감생심焉敢生心, 꿈에도 생각할 수 없었던 일이다. 소견머리 없이(과연 그럴까?) 자연에 순응하여 근근이 살아간 조상님네의 바보스런 순박함이라니? 서양 사람들이 자연을 극복하며 살았다면 우리의 됨됨이는 그렇지 못했다. 순천자흥順天者興이요 역천자망逆天者亡이라! 그렇다고 마냥 타들어 가는 밭을 그냥 둘 수는 없지 않는가? 어떻게 했을 것 같은가? 그렇다! 밭매기다. 콩밭 매는 아낙네, 내 어머니의 베적삼이 젖는다. 으레 〈칠갑산〉이란 노래 가사를 떠올리게 하는 밭매기다. 땀 냄새 북북 나는 어머니를 숨이 가빠지도록 목청 높여 불러 본다. 고등학교 고문古文 시간에 외우고 또 외웠던 고려가요 「사모곡思母曲」이 언뜻 떠오르는 것은? 호미도 놀히언마ᄅᄂᆞᆫ 낟ᄀᆞ티 들 리도 업스

니이다……. 호미만 나오면 어머니 생각이 난다! 이렇게 밭에서 어머니를 만나니 더할 나위 없이 좋다! 이렇게 간절하게 사모곡을 읊어 보노라!

그 더운 날 콩밭은 왜 맨단 말인가? 나도 어머니 따라 후미진 곳에 드러누워 있는 콧구멍만 한 텃밭을 자주 맸었다. '송곳니 하나 꽂을 땅도 없었던' 시골 살림을 겪어 보지 않은 사람은 모른다. 나는 지금도 밭골에서 펄펄 끓어 뿜어 나오는 열기熱氣를 잊지 못한다. 한증막汗蒸幕이 따로 없다. 굳을 대로 굳은 흙바닥을 호미로 연방 긁어 대다 보면 어느새 팔에 힘이 빠진다. 돌밭이라 꼬마 돌멩이가 호미 날에 부딪히는 소리가 요란하다. 따르르, 따르르! 허리는 쑥쑥 아려 오고 푹푹 솟는 먼지와 찌는 더위에 온몸이 땀범벅이 된다. 내 어머니는 한참 밭고랑을 맨 다음 구부정한 허리를 펴며, 해녀들이 물질을 마치고 물 밖으로 올라와 가쁘게 내쉬는 숨비소리를 내지른다. 후유이, 후유~! 가녀린 몸집에 초췌한 얼굴을 한 어머니는 보리밭이라는 바다에서 막 올라온 것이다. 어머니 생각을 하면 이렇게 지금도 가슴이 찢어진다. 불쌍한 우리 엄마! 방귀깨나 뀌는 사람들은 이런 아픔을 모른다. 대지大地만 타는 것이 아니다. 호된 갈증에 목도 탄다. 땀과 지열地熱이 만나 후텁지근한 것이! 후후, 열기를 날려 보지만 하늘에서 내리쬐는 뙤약볕에 몸은 익어만 간다. 죽을 맛이다. 136가지 지옥이 저승에만 있는 게 아니다. 악업惡業을 지은 자가 고보苦報를 받는다는 지옥 말이다.

독자 여러분은 우리가 지금 밭에 난 잡초를 뽑는다고 여길 것이다. 물론 인간의 생명앗이(천적)인 잡동사니 잡초를 뽑아 패대기치는 것도 중요한 일이다. 그런데 우리의 밭매기는 이것 말고도 목적이 하나 더 있다. 연약하고 저항력이 약한 곡식에서 물과 양분을 빼앗아 먹는 잡스런 풀을 솎아 잡는 것이 하나라면, 다른 하나는 밭 흙의 모세관을 잘라 주는 것이다. 그러니 농부의 밭매기는 일거양득一擧兩得인 것. 암튼 내 어머니 또한 베적삼이 땀에 삭아 빠지도록, 죽기 살기로 밭을 매셨다. 모세관 자르기 말이다. 부득이 그놈을 자르지 않으면 안된다. 그렇지 않으면 내 목숨이 잘린 판이다. 굶어 죽는다는 말이다. 사실 농부가 아무리 애를 써도 곡식에 작은 도움을 줄 따름이다. "농사는 기후가 짓는다."라는 말이 맞다. 자연의 힘이 얼마나 센가를 한마디로 표현한 것이다. 때 맞춰 비 오고, 비 온 다음에는 땡볕이 비치어 벌레 생기지 않게 하고……. 이 말줄임표에는 어떤 내용들이 들었을까? 미안하지만 여러 독자 여러분의 몫이다.

그건 그렇고 모세관을 잘라 준다는 게 무슨 말인가? 흙에 나 있는 작은 물기둥(모세관)을 타고 저 아래의 물이 쉼 없이 올라오는데, 호미질로 겉흙을 갈아 뒤엎으면 모세관의 끝자락이 잘린다. 만약 이걸 그냥 뒀으면 겉흙에까지 이어진 모세관을 타고 올라온 물이 계속 공중으로 증발하고 말 것이다. 그런데 끝의 모세관을 호미로 잘라 버리므로 흙이 가진 물이 더 이상 날아가지 않게 되니 그것이 밭매기의 목적이었다! 제초제와 스프링클러sprinkler가 할 일을 호미가 도맡아 했다. 알고 보니 단연코 미련하거나 무지한 조상들이 절대 아니다. 농사는 과학이라 하듯이 농부들은 과학자이시다!!! 모세관을 잘라 주는 밭매기에 목숨을 걸고 뙤약볕과 사투死鬪를 벌이지 않았던가.

요새는 논에 제초제를 확확 뿌리고, 밭두렁에 비닐을 덮어서(mulch라고 부름) 잡초가 생기는 것과 물의 증발을 막아 내고 있다. 잡초 잡고 물 잡는 일석이조로 아주 위대한 발명이다. '제3의 농업혁명'이라 하니, 덕택에 수확량이 40퍼센트 가까이 올라간다고 한다. 비닐과 농업혁명! 비닐로 지은 집, 소위 말하는 '비닐하우스'에서 겨울에도 채소를 키운다. 서울 근교나 시골의 온 들판이 하얀 바다를 이루고 있는 장관을 가끔 보지 않는가. 하여튼 우리가 비닐의 신세를 참 많이 진다!

어쨌거나 흙은 물을 머금어야 생기를 잃지 않는다. 흙을 적시는 물은 빗물이기도 하지만 땅 밑에 흐르는 물, 눈에 보이지 않는 지하수가 큰 몫을 함을 알았다. 지하수는 농사에 없어서는 안되지만 우리의 식수원食水源으로도 아주 중요하다. 음수

사원飲水思源이라, 물을 마시며 우물을 판 사람을 생각한다 했던
가. 물을 마실 때에도 그 물이 어디서 왔는가를 생각하듯이 일
을 처리하는 데에서도 근본을 잊지 말아야 한다는 뜻이다. 일언
지하一言之下에 고마워하고 감사하는 마음 잊지 않고 살자.

땅 밑을 흐르는 물

지하수에 대해 좀 더 깊이 알아보자. 산 밑에 흐르는 강,
강 아래에 흐르는 강이 바로 지하수다. 다시 말해, 지하수는 빗
물이나 눈이 녹아 땅속으로 침투하여 지층이나 암석의 틈새를
메우고 있는 물을 말한다. 지하 깊은 곳의 용암에서 유래된 처
녀수處女水, 흙 알갱이에 부착되어 있는 흡착수吸着水, 그러한 입
자 사이에 불포화상태로 존재하는 모세관수毛細管水, 특히 중력
에 의해 깊은 곳으로 내려가는 중력수重力水 등의 토양수土壤水
는 지하수라고 하지 않는다. 지하수는 지층 사이에 괴어 있거나
흐르고 있으며, 지하수의 수질은 지질地質 영향을 많이 받으며
용해물질량은 일반적으로 지표수에 비하면 나트륨, 칼륨, 칼슘,
마그네슘, 황, 철 등이 많고 산소는 되레 적다. 지하수에는 석천
石泉이라 부르기도 하는 석간수石間水가 있으니 지하수맥의 한
구석에 구멍이 나서 솟아 나오는 물이다. 그리고 산이나 땅 아
래에 있는 거대한 동굴에 큰 강이 흐르니 그것이 지하수다. 흐

르는 물은 석회암을 녹여내어 동굴은 커질 대로 커진다. 강이 땅 위로 나온 물줄기라면 지하수는 보이지 않는 땅 밑을 흐르는 강이다. 그것도 작은 물줄기가 모여 커다란 줄기가 되고, 큰 물줄기가 가지를 쳐서 가는 줄기를 만들기도 한다. 지하수는 결국 냇물이나 강, 호수와 만나 그곳으로 흘러들게 된다.

'물은 푸른 금金'이라 한다. 이제 우리나라도 지하수는 '생명수'가 되고 말았다. 강물이 더러워지다 보니 사람들이 수돗물을 먹지 않는다. 대신 정수기를 쓰거나 땅속에서 파 올린 지하수인 '생수'를 마신다. 저 높고 깊은 산골짜기에 커다란 관정을 뚫어 뽑아 올린 물이 '미네랄워터mineral water'라 하니, 일반적으로 지표수에 비하면 나트륨, 칼륨, 칼슘, 마그네슘, 황, 철 등의 미네랄(무기원소)이 많은 것은 사실이다. 제주도 한라산에서부터 지리산, 설악산 등, 외진 산에는 커다란 구멍이 뻥뻥 뚫렸고, 저 멀리 알프스산에서 뽑아 올린 물이 병에 담겨 우리나라에까지 오는 세상이다. 옛날에는 청미래덩굴 이파리 따서 오므려 졸졸 흐르는 물을 떠먹거나 두 손바닥 오그려 조가비꼴하여 후룩후룩 떠 마셨다. 아니면 머리 처박고 소처럼 냇물을 꿀꺽꿀꺽 마셨는데 말이지…….

너 나 할 것 없이 이제야 물이 마냥 물이 아닌 생명수라는 것을 깨닫기 시작했다. 깨침, 그것 역시 늦었다고 생각할 때가 가장 빠른 것이라 하니……. 임갈굴정臨渴掘井이라, '목이 마르고서야 우물을 판다.'라는 뜻이다. 미리 준비하지 않고 지내다가 일을 당하고 나서야 비로소 황급히 서두른다. "무릇 병이 이미 깊어진 뒤에야 약을 쓰고, 어지러움이 이미 심해진 뒤에야 다스리려고 하는 것은 목이 마르고서야 우물을 파고, 싸울 때가 되어서야 무기를 만드는 것과 같으니 역시 때늦은 일이 아니겠는가."라고 했다. 옛 어른들의 말씀이 하나도 틀린 게 없다.

식물도 흙을 가린다

식물도 흙을 가린다. 마른 흙을 좋아하는 선인장이나 잎이 통통한 다육식물 多肉植物이 있는가 하면 땅이 축축한 데 사는 미나리가 있고, 숫제 어떤 식물은 소금물에 절임을 당할 염전 鹽田가에 사는 염생식물 鹽生植物이 있다. 그런가 하면 토양이 산성을 띠는 곳에 잘 자라는 산성식물 酸性植物이 있고, 알칼리성인 흙에 살기를 좋아하는 알칼리성식물 염기성식물이 따로 있다. "식물도 개성 個性이 있다."라고 말해야 옳다. 그렇고말고. 움직이지 못할 뿐이지 모든 면에서 동물 못지않는 생물이다. 식물을 얕보지 말라. 오히려 엄청나게 동물을 능가하는 초능력을 소유한 창조물이다! 이렇게 저희들이 좋아하는 땅에 유유상종하며, 일정한 장소에 끼리끼리 떼를 지어 식물들이 군락 群落을 이루고 있으니 이를 식생 植生, vegetation 또는 식피 植被라 한다. 즉 흙의 성질에 따라 식생이 다르다. 물론 식생의 성립은 단지 흙의

70

성질, 구성에만 따르지 않고 기후요인·지형요인·생물요인·인위적 요인에 등에 영향을 받는다.

흙따라 식물따라

식생은 토양의 형성에 영향을 미치나 동시에 토양의 영향을 받기도 한다. 특히 토성土性, soil texture이 중요하다. 토양층의 두께, 토양입자의 크기 정도, 토양의 조밀 정도, 토양이 함유한 수분량 등의 물리적 특성, 화학성분의 종류와 양, pH 등의 화학적 성질, 지하 수위의 높이 등이 식생에 크게 영향을 미친다. 흙의 여러 성질 중에서도 특히 산성도酸性度, acidity가 토양생물soil microbes의 분포에 영향을 미치고, 그중에서도 식물의 분포, 즉식생에 큰 영향을 끼친다. 산성 땅이라고 모든 식물이 싫어하는 것이 아니라서 그런 곳에 살기 좋아하는 식물도 많으니 이런 식물을 호산성好酸性식물이라 한다. 한편으로 알칼리성인 땅을 선호하는 푸나무들을 호염기성好鹽基性식물이라 한다.

일반적으로 토양이 산성화하면 우리가 가꾸는 곡식에게 여러 가지 좋지 못한 일이 일어난다. 토양의 양분 보유 능력이 떨어지기 때문에 식물생장에 필요한 인, 칼슘, 마그네슘이 결핍되고, 그로 인한 생리적 불균형으로 조기낙엽, 잎의 괴사壞死, necrosis 등 여러 부작용이 일어난다. 이외에도 토양의 알루미늄

포화도가 증가하면서 그 독성이 뿌리 생육에 지장을 주게 되고, 심하면 잎과 줄기 등도 이울게 된다.

한편 식물에 따라 토양의 산도 변화에 적응하는 정도가 다르니, 이를 산성에 대한 내성도耐性度라 한다. 즉, 산성에 얼마나 잘 견디느냐에 따라 식물의 생육과 분포가 달라진다. 그러나 대부분의 식물은 약산성인 pH 5.5~6.5 범위에서 잘 적응한다. 아주 산성인 pH 3.9 이하의 흙에는 지의류地衣類·선태류·떨기나무관목가 잘 생육하고 pH 4.0~4.7에는 소나무·낙엽송 등 호산성 침엽수종·진달래·철쭉·나무딸기 등이 주로 산다. pH 4.8~5.5에는 가문비나무·잣나무 등 침엽수종이 잘 살며, pH 5.6~6.5에는 대부분의 침엽수·피나무·단풍나무·느릅나무·참나무 등이 번식한다. 중성에 가까운 pH 6.6~7.3에는 전나무 등 침엽수종이, 알칼리성인 pH 7.4~8.0에는 개오동나무·물푸레나무·오리나무 등이, pH 8.1~8.5에서는 양버즘나무 등 강알칼리성 식물이 산다.

앞에서 말했지만 염도鹽度, salinity가 높은 곳에 사는 염생식물도 많다. 놀랍게도 염전에서 얼마 멀지 않은 언덕배기나 소금 가득 밴 개펄에 퉁퉁마디와 같은 여러 종種의 염생식물이 무성하다. 어떻게 염분에 견디는지 자못 궁금하다.

일반적으로 삼림은 토양층이 두꺼운 곳에 잘 발달한다. 나무 한 그루가 나는 것도 함부로, 아무 데나 나는 것이 아니로다! 한 식물이 살기에 적합한 환경요인은 식물의 종에 따라 다 다르다. '식물도 까다로운 생물'이라 하겠다. 한 지역 안에 있는 식물 군락의 분포를 나타낸 지도를 '식생도 植生圖'라 하는데, 안정되지 않은 군락은 시간에 따라 식생이 조금씩 바뀌므로 식생도도 차이가 난다. 겨울 산에서 띄엄띄엄 소나무 군락을 본다. 그러다가 녹음이 우거진 여름에 보면 소나무들은 맥을 못 추고 활엽수인 참나무 무리가 대부분 그 자리를 차지하고 있음을 본다. 소나무인 양수림 陽樹林에서 참나무인 음수림 陰樹林으로 바뀌어 가는 천이 遷移, succession가 일어나고 있는 것이다. 산의 모습이 쉼 없이 바뀌어 간다! 식물생태학에서는 연구에 실험을 거듭하는 식생이 아닌가. 우리는 속 알맹이 다 빼고 단지 겉모습만, 그것도 스치듯 보고 넘어간다.

한반도가 아열대기후로 바뀌어 가고 있다고 다들 걱정을 한다. 사과 밭과 포도밭이 점점 북상 北上하고 있다고 한다. 남쪽에 잘 자라던 것을 이제는 이런 식물들이 살기에 남쪽이 너무 더워서 더 서늘한 북쪽에 심어야 잘 된다는 말이다. 과수 果樹가 이럴진댄 다른 푸나무는 어떠할 것인가. 결국은 식생이 조금씩 변해 가는 것이다. 바닷물고기들도 남쪽의 것들이 북으로 올라와서 여태 못 보던 물고기들이 잡힌다고 하고, 과수들도 슬금슬

금 북으로 자리를 옮겨 앉는다고 하지 않는가. 기온이라는 것이 이렇게 동식물에 영향을 미친다. 화려한 꽃이 피고 조락凋落의 단풍이 지는 것까지도 말이지. 이런 변화가 우리의 삶에 미치는 유불리를 따져 봐야 하겠지만 뭔가가 바뀌어 간다는 것은 역시 두려운 일이다.

흙에 살다 _ 생물들

수수께끼 두더지

　드디어 두더지mole 이야기가 나왔다. 네놈 또한 땅속에 사는지라 내가 너를 한번 만나 보리라 마음먹고 있었지. 두더지는 땅굴에 살아도 사람처럼 새끼를 젖으로 키우는, 최고로 고등한 젖빨이동물 포유류 哺乳類, mammals이다.

　포유류의 특징을 간단히 보고 두더지 잡으러 가자. 포유류는 무엇보다 태생胎生을 한다. 물고기나 개구리, 도마뱀처럼 알을 바로 낳는 것을 난생卵生, 다슬기나 살모사같이 수정란受精卵이 배 속에서 부화하여 새끼로 나오는 것을 난태생卵胎生, 아주 작은 알이 체내수정을 하여 어미의 태반胎盤을 통해 양분을 오랫동안 얻으며 자궁에서 자란 다음에 태어나는 것을 태생이라고 한다. 포유류는 어미의 자궁에 태반이 있고, 어미는 젖꼭지를 가지고 있어 거기에서 나오는 젖을 먹여 새끼를 키운다. 몸에 털이 나며 목뼈는 7개이고, 가슴 흉강 胸腔과 배 복강 腹腔 사이에 가로막 횡격막 橫膈膜이 있다. 참고로 기린처럼 목이 길거나 고래나 돼지처럼 짧으나 목뼈의 수는 모두 같다. 암튼 땅속에 구멍 파고 눌러 사는 두더지라고 무시해선 안되겠다. 두더지와 우리는 이렇게나 가까운 동물이다!

　　두더지는 포유강綱, class 식충목目, order 두더짓과科, family에 속한다. 몸길이 10~15센티미터, 꼬리길이 2~3센티미터, 몸무게 40~140그램 정도다. 땅속에 굴을 파고 사는지라 앞다리가 꽃삽 모양인데, 발은 넓적하고 5개의 발톱은 길고 끝이 예리하다. 뒷다리는 앞다리보다 발달하지 못했다. 강한 근육으로 된 목은 몸통과 거의 같아 머리와 가슴 구분이 없다. 머리 생김새는 원통이고 사지四肢는 매우 짧고, 주둥이는 길고 뾰족하며, 이빨은 아주 예리하고, 귓바퀴는 없어졌지만 소리에 민감하다. 두더지는 진동을 감지하기 때문에 멀리에서라도 사람 발걸음 소리가 나면 도망간다. 그런가 하면 코도 냄새를 아주 잘 맡는다고 한다. 컴컴한 땅굴에 살기에 눈은 저절로 퇴화해 없어지는 대신에 다른 기관은 되레 예민해진다. 맹인이 그런 것과 하나도 다르지 않다. 이런 현상을 보상작용補償作用, compensation이라 한다. 땅굴뿐만 아니라 동굴에 사는 장님새우 같은 것들도 몸빛체색이 희게 바뀌면서 눈을 잃고 만다. 두더지의 눈은 퇴화해 피부로 가려져 있으나 지름 1밀리미터 정도의 검은 점으로 남았다. 'as blind as a mole'이라 하면 눈이 전연 보이지 않을 때를 말한다. 진화론의 비조鼻祖인 다윈CHARLES ROBERT DARWIN도 『종의 기원』에서 "두더지는 땅속에 대대代代로 지내면서 눈을 긴 세월 쓰지 않다 보니 눈이 퇴화하여 흔적기관으로 남게 되어 버렸다, 불용不用하다 보니 퇴화되고 말았다."라고 서술하고 있을 정도다. use, or loose! 모름지기 써라, 그렇지 않으면 퇴화하고 만다!

두더지의 생활권은 주로 식물 뿌리가 미치는 범위인 약 10센티미터 정도의 깊이다. 사방으로 뻗은 여러 굴을 만들어 놓고 혼자 사는데, 한 마리가 차지하는 세력권勢力圈, territory은 사방 50~80미터 정도나 된다. 그 범위 안에 다른 놈이 들어오면 사정없이 쫓아낸다는 말이다. 두더지에게는 그들이 만든 땅굴이 곧 그들의 집이다! 집 안에는 잠을 자는 방, 휴식처, 먹이저장실 larder 등이 마련되어 있다. 마치 어부가 그물을 쓴 다음 손질해서 또 쓰고 하는 것처럼, 두더지는 한번 만든 굴을 부수거나 버리지 않고 반영구적으로 사용한다. 비가 와서 무너지거나 사람 발에 밟혀 부서진 굴은 손질해서 고쳐 쓰는 것이다. 집을 넓히기 위해 흙을 파낸 경우, 그 흙은 땅 위로 밀어 버리는데 이것을 '두더지 둔덕mole hill'이라 부른다.

두더지는 밤낮을 가리지 않고 4시간 잠자고 4시간 활동하기를 반복한다. 활동 시간에는 굴을 한 바퀴씩 돌며 자신의 굴에 들어온 지네, 땅강아지 등의 벌레나 지렁이를 잡아먹는다. 먹고 남는 것은 곳간에 저장한다. 이처럼 굴은 이동 통로이면서 먹이를 사냥하는 덫이다. 신기한 일이 아닐 수 없다! 지렁이 잡으러 마구잡이로 굴 안을 돌아다니는 줄 알았는데 말이지. 지렁이들이 굴 안으로 몸 일부를 삐죽 내밀면 두더지는 달려들어 끌어들이기도 하고, 지렁이나 풍뎅이 애벌레_{유충幼蟲}가 근방에 어슬렁거리다가 그만 두더지구멍에 쑥 빠지기도 한다. 두더지는 수시로 굴을 쏘다니면서 거기에 떨어진 먹이들을 냉큼냉큼 주워 먹는다. 지렁이나 땅강아지도 굴을 파는 습성이 있으니 한참 파나가다가 코앞에 넓은 굴이 나타나니 옳다구나 했을지도 모르겠다. "누가 이렇게 고맙게 굴을 파 놨담!?" 그러나 거기가 지옥 가는 굴인 줄 어찌 알았겠는가? 여기서도 어김없이 처절한 머리싸움이 전개되는군! 지렁이나 땅강아지들은 유기물이 많이 든 건땅의 흙이나 썩은 낙엽 같은 것을 먹는다. 먹을 것이 들어 있지 않은 메마른 모래땅에 지렁이가 살지 않는다. 따라서 기름진 땅 즉, 지렁이가 득실거리는 밭이나 밭가, 얕은 산자락이 두더지들의 삶터다. 산자락의 길가에서도 두더지 굴을 흔하게 만나게 되는데, 거기에도 지렁이가 있다는 것이지! 먹을 것을 찾아 이렇게 헤매는 지렁이, 그놈을 뒤따르는 두더지, 두더지를 노려보는 부엉이……, 이렇게 먹이사슬이 이어진다. 당랑재후螳螂在後라, 사마귀가 매미를 덮치려고 엿보는 데만 정신이 팔려 뒤에서 참새가 자신을 노려보고 있음을 몰랐다고 하더니!

　　두더지는 육식동물이다. 드물기는 하지만 굴 입구에서 작은 생쥐를 만나면 서슴없이 잡아먹는다. 추운 겨울엔 두더지도 굴속에서 꼼짝 않고 겨울잠동면 冬眠을 잔다. 두더지는 겨울을 날 양식으로 지렁이를 잡아 모아 둔다. 정갈스런 먹이저장실에 지렁이를 1,000여 마리를 잡아 바투 포개 놓고, 일일이 예리한 입으로 지렁이 머리를 짓씹어 놓는다. 두더지의 침타액 唾液, saliva에는 독(마취제)이 들어 있어 지렁이는 산 채로 꼼짝 못한다. 죽은 지렁이는 썩어 구린내가 나지만 마취된 지렁이는 죽지 않고 살아 있는 것이다. 두더지는 시장기가 돌면 이렇게 모아 둔 지렁이를 몇 마리씩 먹어 허기를 채운다. 긴 겨울을 지내야 하기에 퇴내게 배불리 먹는 어리석은 짓은 하지 않는다. 영리하기 짝이 없는 두더지로다! 어디서 그런 놀라운 생각을 하게 됐단 말인가? 게다가 지렁이를 그냥 통째로 잘금잘금 씹어 먹는 것이 아니고, 손발로 지렁이 몸통을 잡아당겨, 안의 내장은 버리고 졸깃한 겉살만 먹는다고 한다. 누군가 두더지 식성食性 연구를 하느라 고생깨나 했겠다. 한창 좋은 철인 여름에는 두더지 한 마리는 하루 60여 마리의 지렁이를 먹는다고 하는데, 대부분의 지렁이는 섣불리 굴에 들어갔다가 잡힌 놈들이라고 한다. 아닌 게 아니라 땅 밑에서는 이름깨나 날리는 두더지다!

두더지는 3~5월 즈음 한 번에 3~6마리의 새끼를 굴속에다 낳는다. 앞에서 말했듯이 포유류인 두더지는 젖을 먹여 새끼를 키운다. 이쯤 되면 독자 여러분도 짐작했겠지만, 두더지 녀석들이 굴속에 사는지라 그들의 생태에 대한 연구가 쉽(많)지 않다. 이 글에서도 암수가 흘레짝짓기 하는 이야기 같은 것은 전연 안 나오지 않는가. 여기저기 외국자료를 찾아보아도 알 길이 없었다. 아무렴, 두더지는 햇빛이 밝은 밖에 나가는 것을 싫어한다. 죽어도 굴속에서 죽고 싶어 한다. 새끼들은 6~7월 무렵 독립하여 집을 나가는데, 불행하게도 살터는 이미 어미 두더지들이 다 차지하고 말았으니 결국 땅 위로 쫓겨나게 되는데, 대부분 배고파 죽거나 포식자들에게 잡아먹히고 만다. 엎친 데 덮친 꼴이다. 아이고머니, 거기도 비정하기 짝이 없는 모진 세상이로다!

요 미운 놈, 두더지

금년에도 따뜻한 언덕배기 아래에, 바로 밭가에 무 무덤을 만들었다. 무(우리 시골에서는 '무시'라 부른다) 수확이 끝나고 한 달이 넘었으니 집에 무가 떨어질 때가 됐다. 집사람이 무 좀 빼

오란다. 봄에서 가을까지는 거의 모든 채소를 자급자족하다시 피 했는데 아쉽게도 겨울은 그렇지 못하다. 무 몇 개를 파 들고 집에 들어가서 마누라한테서 인정받을 생각을 하니 기운이 솟 는다! 이것만 봐도 역시 남자는 여자보다 어린이에 더 가깝다 하겠다. 전에는 500원도 안 하던 무 한 뿌리가 한겨울이라 물경 3,000원을 한다니, 무 몇 개를 뽑아 들고 뻐길 만도 하다.

입구의 짚 마개를 열고 팔을 벌려 구덕 안에 쑥 넣고 손을 벌려 무를 더듬어 잡아 들어낸다. 이게 뭐야!? 나를 의기소침하 게 하는 사건이 벌어졌다. 대체 뭣이 이렇게 무 머리에 입질을 했담? 들입다 깨물어 놨다. 분명히 쥐 이빨자국이다. 또 하나를 끄집어내 봐도 그것 역시 상처투성이다. 분하고 얄밉고 맥 빠진 다. 이걸 어쩐담? 벌떡 일어나 저쪽에서 삽을 들고 온다. 구덕 을 만든 순서와는 반대로 둥그런 흙더미를 걷어 제치고 지푸라 기와 각목을 들어낸다. 화가 솟아 숨을 헐떡이며 무집을 아예 들이부순다.

허허, 이거 봐라. 짚을 잘게 썰어 아예 둥그렇게 집까지 만 들어 놓고 있는 게 아닌가. 말 그대로 아수라장이다. 그 캄캄한 흙더미 안에서 이런 일이 있다니! 무 대여섯 개를 몽땅 못 쓰게 만들어 놨다. 난도질을 당했다는 말이 맞을 듯. 그런데 그놈의 쥐새끼는 어디로 갔는지 눈에 띄지 않는다. 아니, 쥐똥도 없지 않은가? 쥐 뜯어 먹은 무는 들어내고, 다시 정성 들여 끼리끼리 무를 착착 기대 세워 놓고 지붕을 덮어 놓는다. 괘념치 말자고 다짐해 보지만 그렇다고 언짢고 마뜩치 않은 생각이 사라지지 않는다. 복수심이랄까? 들쥐놈들이 사실을 듣고 산소嘲笑, 남을 흉보고 비웃음 하고 있을 것을 생각하면……. 요놈들 어디 두고 보자!

다음 날 해거름 녘에도 궁금하여 그냥 지나칠 수가 없다. 조심조심 안표眼標, 나중에 보아도 알 수 있게 해 놓은 표를 살피고 있는데……. 아니? 이게 어떻게 된 것인가? 옆구리에 아기 주먹이 들어갈 만한 구멍이 뻥 뚫려 있다. 살금살금 가서 쭈그리고 앉아 눈으로 구멍을 따라간다. 한 구멍은 위쪽 비스듬히 누운 언덕으로, 또 하나는 반대로 무 구덕 안으로 통하고 있었다. 봐 하니 이것은 분명 쥐가 아닌 두더지의 소행이었다. 엉뚱하게도 두더지 놈의 짓이었다니!

두더지 녀석의 집은 언덕 위 어디엔가 있을 테고, 거기에서 굴을 파기 시작해서 무 있는 곳까지 파고 들어온 것이다. 먹고 사느라 두더지도 편히 쉴 겨를이 없다. 무가 거기에 있다는 것은 또 어떻게 알아냈을까? 두더지 코는 개코다! 구덕을 다시 파 제쳐 봤더니, 아니나 다를까 다시 무를 쏠아 곰보자국을 만들어 놨다. '시거든 떫지 말고 얽거든 검지 말지.'라던가. 고얀

놈! 내가 먹자고 파묻어 둔 무를 두더지 네놈이 손을 대? 맨 처음에는 성에 차지 않아 멋도 모르고 마구잡이로 흙더미를 들쳐내느라 두더지 놈이 파 놓은 구멍, 그 녀석의 굴을 제대로 보지 못했던 것이다. 더군다나 지푸라기를 물어다 새집처럼 지은 것도 영판 자주 봤던 쥐집이 아니었던가.

어쨌거나 무는 뿌리에는 솜털이 났고 머리에는 샛노란 싹을 틔웠다. 그 어둠 속에서도 생명이 움트고 있다니! 무를 보자기에 싸서 밭 중간쯤으로 간다. 언덕에서 꽤나 멀고, 중간에 물길이 있어서 날고 기는 두더지도 이 한겨울에 여기까지는 굴을 팔수 없다는 확증이 서는 곳이다. 접근불가한 곳에 자리를 잡아 굴을 파고, 무를 쉬게 하였다. 다음 날, 또 다음 날 가서 확인을 했는데, 역시 이번에는 두더지도 얼씬하지 못했다. 괜스레 두더지 때문에 오해를 해서 쥐들에게 미안했다. 난들 어디 두더지가 무를 먹을 것이라는 생각을 꿈엔들 했겠나!? "두더지가 무를 먹는다!"라는 새로운 학설(?)은 이렇게 하여 발견하였다!

땅딸막한 땅강아지

　　땅굴 파기가 전공인 동물로는 두더지가 으뜸이지만 땅강아지도 둘째가라면 서러워한다. 맨땅에서 뒹굴다가 흙투성이가 되어 집으로 들어온 귀여운 아이 엉덩이를 툭 치면서, 어머니는 "어휴! 이 녀석 땅강아지(흙강아지)가 되었네."라 한다. 흙장난 잘하는 강아지를 비유하여 '땅강아지'란 이름을 붙였나 보다. 참으로 귀여운 이름이다. 코를 벌름거리면서 땅을 파 대는 다리가 땅딸막하게 짧고 배가 똥똥한 강아지의 모습으로부터 '땅강아지'란 이름이 생겨나지 않았나 싶다. 석서石鼠·토구土狗라고도 하며, '땅개'·'땅개비'라고도 부르는 땅강아지의 또 다른 이름은 '게발두더지'다. '억센 게발 같은 앞다리를 가지고 땅을 파는 녀석!', 역시 예쁜 이름이 아닐 수 없다. "게발두더지를 구워 먹이면 침 흘리는 아이가 낫는다."란 말이 있다. 진위眞僞를 떠나서 여기에서 말하는 '게발두더지'는 역시 땅강아지다. 앞발이 변형되어 게의 집게발처럼 날이 서면서도 두껍고, 머리는 뾰족하고 다리가 짧으니 영판 두더지의 모습 그대로다. 땅강아지를 영어로 'mole cricket'이라고 한다. 알다시피 'mole'은 두더지를, 'cricket'은 귀뚜라미를 말한다. 서양 사람들은 땅강아지를 두고 '두더지처럼 굴을 파면서 겉모습은 귀뚜라미를 닮은 녀석'이라고 명명命名한 셈이다.

어쨌거나 두더지와 땅강아지, 이 둘의 운명은 매우 다르다. 다 같이 논다랑이나 묵정밭에 살면서 지렁이를 파 잡아먹지만, 곤충인 땅강아지는 포유류인 두더지의 밥이 된다. 먹고 먹히는 것도 '우주 같은 인연因緣'이 아닐 수 없다. 악연惡緣도 인연이라 하지 않던가. 땅속에 살어리랏다! 딱히 특별한 까닭도 없이 오늘 따라 싹트는 씨앗처럼, 땅 밑을 썰썰거리며 헤집고 다니는 땅강아지처럼 흙을 파고 그 속으로 들어가고 싶다!

땅강아지는 몸통이 두껍고 몸길이가 3~3.5센티미터이며, 몸빛은 황갈색 또는 흑갈색이다. 짧고 보들보들한 가는 털이 온몸을 덮고 있으며, 머리는 달걀 모양으로 작고, 더듬이촉각觸角는 실 모양으로 짧으며 원뿔형에 가깝고 검은색이다. 홑눈은 큰 타원형이고 겹눈은 비교적 작은 염주 알 모양으로 앞쪽으로 톡 튀어나왔으며 반짝거린다.

땅강아지는 앞날개가 배 중앙에 미치고 뒷날개는 꼬리 모양이다. 앞다리의 종아리마디는 이 동물의 징표인 단단한 삽날 모양으로 변형되어 땅굴을 파는 데 적합하며 물에서 헤엄을 치는 데도 쓴다. 대체로 땅굴생활을 하지만 땅 위로 나가기도 하며, 특히 교미기交尾期에는 짝을 찾아 먼 데까지 날아가기도 한다. 보자 하니 녀석들이 땅속, 공중, 물속을 말 그대로 자유자재로 제집 드나들듯 한다.

야행성이라 낮에는 땅굴 안에 있어 보기 어렵고 밤이라야 기어 나온다. 잡식성으로 식물의 뿌리나 지렁이 등을 먹는다. 논밭이나 잔디밭, 골프장 등지에 살고, 남극을 제외한 대륙 어디에나 사는 세계적인 곤충이다. 조, 수수, 보리 등의 화본과禾本科 식물의 농작물 뿌리를 뜯어 먹어 농업에 큰 피해를 주기도 한다. 때문에 사람의 입장에서 보면 나쁜 놈, 죽일 놈이다. 암컷은 5~7월 무렵에 땅속에 200~350개의 알을 낳고, 애벌레는 네 번 탈피하여 자란벌레성충成蟲가 되며, 그 상태로 땅속에서 다른 곤충들과 마찬가지로 힘들고 드센 강퍅剛愎한 겨울을 지낸다.

한데 그렇게 흔했던 그것들이 지금은 다 어디로 갔단 말인가. 사실 두더지는 수가 늘었으면 늘었지 줄진 않았는데 말이지. 두더지는 주로 밭을 중심으로 그 언저리에 사는데 땅강아지는 거지반 논에 산다. 논이 밭보다 더 제초제나 살충제에 찌들었다는 것을 땅강아지가 알려 주고 있는 것이 아니겠는가. 환경

지표종指標種, indicator 인 셈이다.

만물은 다 제자리가 있다

봄 논을 쟁기로 갈아엎는 날이면 어김없이 튀겨져 나와서 놀라 자빠진다. 흙살 사이를 꼬물꼬물 잰걸음으로 파고들던 흙강아지들! 그런 날이면 틀림없이 까치들이 날아와 곁눈질을 하고, 무엇보다 후투티가 알고 날아온다. 후투티가 가장 좋아하는 먹잇감이 바로 땅강아지다. 흔히 보는 후투티의 예쁜 사진들에서 녀석이 입에 물고 있는 것은 곧바로 이것이렷다! 후투티가 땅강아지를 제일 좋아하는 것 또한 둘의 숙명적인 관계가 아니겠는가? 행복과 불행은 샴쌍둥이와 같다고 하던가. 그 둘이 따로 있는 게 아니라 등짝이나 머리통을 맞대고 운명적으로 붙어 있는 것이다.

땅강아지는 곤충강昆蟲綱 직시목直翅目 땅강아짓과에 속한다. 쉽게 말하면 곤충의 일종이다. 다른 친구들은 다 땅 위에 사는데 너는 어이하여 노상 그 어둡고 축축한 땅을 좋아하게 되었는가? 당돌맞은 땅강아지 놈의 대답 한번 들어 보소. "여러분! 만물개유위萬物皆有位라 만물은 다 제자리(사는 곳)가 있고, 만물개유명萬物皆有名이라 또한 죄다 제 이름이 있는 법입니다. 하여난 사시사철 그렇게 덥거나 춥지 않은 땅굴이 좋답니다. 그리고 말이오. 잘났다고 뻐기는 인간 족속들, 당신들의 조상은 어디에 살았소? 땅굴, 동굴이 아니었소? 하나만 더 물어봅시다. 잘난 여러분, 당신들은 부모가 죽으면 어떻게 하나요? 땅속에다 묻어 유택幽宅을 만들지 않습니까!" 맞다. 땅속은 온도가 1년 내내 큰 변화가 없고, 게다가 천적의 눈에 띄는 것을 피할 수 있는 곳이 아니던가. 그리하여 모든 동물들이 한겨울이면 흙 속을 파고들어 월동越冬을 하고 알이란 알은 죄다 흙 속에다 파묻는다. 알고 보니 강이나 바다 같은 물속도 그렇지만 땅속도 거기에 못지않게 꽤나 안전하고 편안한 삶터로군! 알고 보면 땅강아지가 사는 그 흙에도 눈에 보이지 않는, 현미경적인 생물들이 가득 살고 있다. 땅강아지 발바닥에도 수많은 선형동물이 다닥다닥 붙어 있을 터! 내장에는 원생동물에 세균들도 득실거릴 것이고……

똥 굴리는 소똥구리

소똥구리dung beetle는 똥dung을 먹고 살기도 하거니와 똥 덩이를 굴려가 거기에 알을 낳는 특이한 습성을 갖는 동물이라 '소똥구리'라는 멋있는 이름을 얻어 걸쳤다! 흔히 '말똥구리'라 부르기도 하니, 녀석이 소똥을 먹거나 걷어치우면 소똥구리, 말똥에 들러붙으면 말똥구리다. 정말로 우리네 조상님들은 생물 이름을 잘도 짓는다.

소똥구리는 곤충강 딱정벌레목 풍뎅잇과의 벌레다. 암수 두 마리가 소똥이나 말똥을 경단瓊團처럼 동그랗게 토막 내어, 수놈은 뒷다리로 밀고 암놈은 앞다리로 끌어당겨서 굴린다. 말 그대로 '소똥을 굴리는 놈들'이다. 그 굴림이 우리 눈에는 자늑 자늑 여유를 부리는 것 같아 보이지만 단연코 아니다. 젖 먹은 힘을 다 써 죽살이를 친다. 소똥구리는 목장의 똥을 치워 주고, 똥을 파묻으면서 동시에 땅굴을 파 대니 흙에 통기通氣, aeration

를 원활하게 한다. 게다가 똥은 썩어 거름되어 땅을 걸게 해 주니 이래저래 사람 편인 곤충이다.

소똥구리가 소똥 속에 알을 낳아 두면 새끼가 부화하고 그것들은 소똥을 먹고 자라 새끼손가락만 한 애벌레가 되었다가 번데기를 거쳐 자란벌레가 된다. 세계적으로 5,000종이 넘는 소똥구리가 서식棲息하고 있는데, 나름대로 행동과 성질머리가 다르다. 소똥을 공 모양으로 둥글게 잘라서 굴려가는 놈들로 똥을 먹이로 하기도 하고 거기에 알을 낳는 놈, 똥을 보면 굴리지 않고 바로 그 자리에 굴을 파서 묻어 버리는 놈, 굴리지도 않고 파서 묻지도 않고 그냥 소똥에서 사는 놈 등, 그 무리를 크게 셋으로 나눌 수 있다. 말할 필요 없이 종에 따라 크기가 다르고 몸빛도 다르다. 어떤 것은 검거나 갈색인가 하면 열대 지방에 사는 종들은 금속성 광택을 내기도 한다.

소똥구리는 남극을 제외하고는 사막, 숲, 농토. 초원 등지에 살면서 초식동물이 배설한 배설물을 먹는다. 어떤 종류는 버섯, 부식腐蝕 중인 낙엽, 과일도 먹는다. 애벌레는 대변에 들어 있는 소화되지 않은 딱딱한 섬유fiber를 주로 먹는데 성체들은 그것을 좋아하지 않고, 대신 입을 똥에 집어넣어 즙(똥물)을 빨아먹는다.

우리나라의 소똥구리는 몸길이가 약 1.8센티미터이고 몸빛은 흑색에 광택이 나며, 더듬이는 적황색에 가깝다. 불도저 꼴로 머리 끝에는 돌기가 나 있고 넓적한 앞다리 끝에는 쇠스랑 발 같은 것이 나 있어 땅을 파거나 똥을 동그란 공 모양으로 재단하기 쉽도록 돼 있다. 입은 똥을 먹기에 알맞게 아주 부드럽게 만들어져 있다.

어쨌거나 소똥구리는 목장에서는 없어서는 안되는 놈으로 똥치우기가 전공이다. 청소의 달인, 소똥구리! 그 드넓은 들판에 그 수많은 소가 싸는 똥을 일일이 사람이 따라다니면서 치운다고 생각해 보라! 소가 하루 종일 풀 뜯어 먹고 똥을 갈겨 대어 목초를 눌러 질식시켜 버리는데, 사람 대신 이놈들이 치워 주니 얼마나 고마운 벌레인가. 영국인들이 처음 오스트레일리아로 이주했을 때 이 풍뎅이가 없어서 영국에서 일부러 들여왔다고 하면 곧이곧대로 받아들이겠는가. 그렇다, 이 이야기가 무엇을 말하는지 독자 여러분은 이해할 것이다. 두말할 것 없이 짐승 농사짓는 데 소똥구리의 역할은 더없이 크다 하겠다. 땅을 파고 거기에 똥을 묻어 주니 흙을 걸게 하는 것은 물론이고 토성土性을 확 바꾼다. 게다가 똥을 치워 주니 파리 같은 해충害蟲, pest이 번식하지 않아 좋지 않은가! 미국의 경우 소똥구리가 축산업에 도움을 주는 것이 한 해에 대략 3억 8,000만 달러는 될 것이라고 추정한다. 그런가 하면 중국에서는 쇠똥구리가 열 가지 넘는 한약herbal medicine의 재료로 쓰인 다고 한다.

　이놈들의 후각도 알아줘야 한다. 수 킬로미터 멀리에서도 소똥 냄새를 맡고 득달같이 달려온다고 하니 말이다. 소똥구리 는 소똥이 가슬가슬 마르면 머리를 처박고 넓적다리를 잽싸게 놀려 쇠톱으로 물건 자르듯 깎아질러 파 내려간다. 물기 많고 뜨끈한 거기에는 감히 달려들지 못한다. 가로세로 깊이를 재지 도 않고 사방팔방으로 잘라 척척 둥근 경단을 멋지게도 비벼 낸 다. 똥 덩이를 양식으로 저장하는 것은 물론이고, 거기에다 암 컷이 알을 낳으니 말하자면 '사랑의 똥 덩이nuptial ball'다. 그러 고 보니 세상의 모든 문화는 바퀴, 둥그스름함, 굴림에 있지 않 는가. 똥 덩이 하나 만드는 데 종에 따라 속도가 다르니 빠른 놈 (종)은 1분 6초, 느린 놈은 53분 정도가 걸린다고 한다. 어디에 나 더딘 놈, 빠른 놈이 있게 마련이군!

　아무튼 이제 소똥구리는 제 몸뚱어리보다 조금 더 큰 공을 굴려 옮겨야 한다. 영차, 이영차, 힘써 나르는 모습이 가관이다! 수놈은 거꾸로 물구나무를 서서 앞다리를 땅에 딛고 뒷다리에 힘줘 밀어제치고, 암놈은 앞에서 바로 서서 앞다리로 끌어당긴 다. 부부의 협력이다. 어떤 무리에서는 수놈은 힘들어 퀭해진 눈으로 열심히 굴리는데, 암놈은 거저 올라타고 가거나(hitchhiking) 그냥 뒤따라가기도 한다. 암놈 마음은 이미 콩밭에 있다. 어서 굴려가 땅에 묻고 거기에 알을 낳고 싶은 것이다.

앞에서도 말했듯이 소똥구리는 종에 따라 행동이 달라서 가장 빠르게 굴리는 놈은 1분에 14미터가 넘게 굴린다고 한다. 뭐가 급해서 그렇게도 재빨리 굴려야 하는 것일까. 미물微物들의 행동에도 그럴 만한 까닭이 있는 것. 그놈들의 세계에도 느닷없이 찌그렁이 붙는 놈들이 많다. 남의 물건을 날쌔게 채뜨려 가는 날치기, 너스레 떨면서 주인의 눈을 속여 잽싸게 훔쳐 가는 들치기들 때문에 쉴 새 없이 종종걸음으로 물어다 날라야 한다.

똥 덩이를 길바닥에 놓고 싸운다니?!

이들 세상도 흉흉한지라 어서 빨리 옮겨 놓고 이제는 마지막 단계인 굴 파기에 접어들어 더욱 바빠진다. 똥 굴리기도 벅찼는데 숨 돌릴 틈도 없이 이어서 땅파기를 해야 한다. 땅굴 파기는 주로 암놈이 맡아한다. 눈코 뜰 새 없이 부지런히 흙을 파내려가면 수놈은 거기서 나온 흙을 물어다 멀리 치운다. 굴은 헐겁게 똥 덩이가 들어갈 수 있게 눈대중하여 판다. 허기가 지면 옆의 똥 덩이를 질겅질겅 씹어 가면서, 어떤 놈들은 1미터가 넘게 파 들어가기도 한다고 한다. 학자들은 이런 광경을 두고

"암놈은 굴속에 있어 새나 다른 포유류에게 먹히지 않아 안전하다. 땅 위에 있는 수놈은 만일의 경우 암놈 대신 먹혀 암놈을 보호한다."라고 말한다. 배 속에 알을 가지고 있는 암놈이 죽어서는 안되니 어떤 경우에도 암컷은 보호받아야 한다는 것이다. 또 다른 무리의 소똥구리는 천적을 피해 주로 캄캄한 밤에 땅파기를 한다. 어두운데 어떻게 먼 곳에 있는 목적지를 찾아 똥 덩이를 옮길까? 미국에 사는 어떤 종種은 교교皎皎히 흐르는 달빛을 보고 방향을 찾아간다는 것 moonlight polarizing 을 알아냈다는 보고가 있다. 새벽 푸른 기운이 채 가시기 전에 서둘러 성큼 옮겨 놓은 똥 덩이의 크기는 역시 소똥구리 종류에 따라 다 달라서 콩알만 한 것에서 정구공만 한 것까지 있다고 한다. 힘든 굴파기가 얼마만큼 끝났다 싶으면 똥 덩이를 구덕에 집어넣고, 후유! 마침내 짝짓기를 한다. 이 순간을 위해 얼마나 애타게 기다렸던가. 새끼가 먹고 클 먹이를 제자리에 넣고서야 교미를 한다! 그리고 보통 똥 덩이 한 개에 알 하나를 슨다고 한다.

냄새 맡고 달려가 자르고, 굴리고, 파고, 묻는 이 행동은 과연 누가 가르친 것이며 어디서 나오는 것인가. 물론 우리는 그것을 DNA의 명령에 죽으라고 따르는 본능적 행위라고 말한다. 우리가 보기엔 앳된 어린애 소꿉질 같은 이 행위가 그들에겐 전쟁과 다름없는 삶의 투쟁이다. 여러 개의 알을 낳는 소똥구리 부부는 똥 잘라 덩이 만들어 굴려 와서 땅 파고 알 낳기에 넢이 다 나가도 모른다. 작달비가 내리다가 땡볕이 내려쬐기도 하는 험한 길을 몇 번 더 오가는 것도 문제지만 눈에 불을 켜고 도사리고 있는, 특히 깃털 달린 친구들이 제일 무섭고 두렵다. 한마디로 바쁘다! 대부분의 것들은 알을 슨 다음 삼십육계三十六計를 놓는데 개중에는 떠나지 않고 곁에 머물면서 새끼를 지키는 녀석들도 있다 한다. 아무렴, 하찮은 생물은 없다! 소똥구리는 알에서 애벌레가 생기고, 번데기가 되어 자란벌레가 되는 완전탈바꿈을 한다.

한때 학자들은 이들 무리가 똥을 굴리는 데 힘이 부치면 다른 놈의 도움을 받는다고 생각했다. 경쟁과 협동을 하는 생물이니까. 그러나 연구 결과는 사뭇 달랐다. 도와준다는 놈은 바로 딴죽 걸어 빼앗고 훔치려고 목 좋은 곳에 숨어 노리고 있는 도둑놈들이라는 것이 밝혀졌다. 그럼 그렇지, 그렇게 착한 놈이 세상에 어디 있을라고? 거기도 넉살 좋고 힘센 놈의 세상일 터. 힘이 정의(might is right)인 세상 말이다. 참, 아는 것은 힘(knowledge is power)이라 했지? 책을 읽는 것은 지식을 쌓고 묻는 행위다. 소똥구리가 똥 덩이를 쌓아 묻듯이 말이다. 지식이 풍부한 사람치고 지혜롭지 않은 사람 없다고 하지 않던가. 흙의 세상에서 가슴 횡하고 한편으로 찡한 지혜를 쏠쏠하게 만나 보았다!

벌레에 몸에 맡겨 살아 보겠다고

요새는 간에 좋다는 굼벵이를 잡느라 초가집이 비싸게 팔린다고 한다. 흔히 굼벵이 하면 매미의 애벌레로 알고 있는데, 그게 아니고 풍뎅이 무리의 애벌레다. 소똥구리와 유사한 딱정벌레들의 애벌레가 소똥 대신 썩어 가는 지푸라기를 먹고 자라며 거기에 산란하고 살고 있는 것이다. 소똥이나 지붕, 퇴비, 두엄은 모두 썩어 가는 풀이요 짚이니, 먹잇감이 서로 크게 다르지 않다. 재언再言하건대 매미의 애벌레는 땅속에서 나무의 뿌리 즙을 빨아먹고 사는지라 초가지붕의 굼벵이는 분명 풍뎅이 새끼렷다!

그건 그렇고 정말로 그 애벌레가 퉁퉁 부은 간덩이에 좋은 것일까. 흔히 "생명을 받을 때 죽음도 같이 받는다."라고 한다. 간경화증으로 앞서 저승으로 가 버린 한 친구도 무던히도 풍뎅이 애벌레를 많이 먹었는데……. 암이니 무슨 경화硬化니 하는 등의 고질痼疾에 걸린다 생각하니 가슴이 움칠하는 것이, 조바심에 모든 생각이 잠깐 멈추게 된다. 참 모를 일이다. 벌레 새끼에 몸을 맡기어 살아 보겠다고 바동대는 초라한 나의 모습이 클로즈업되어 엄습해 오는 것은 뭐란 말인가? 언젠가는 죽어야 하는데 어쩌지? 된 사람도 든 사람도 못난이도 내로라하는 잘난 이도, 어느 누구도 죽지 않는 사람 없다.

비나이다, 비나이다, 신령님께 비나이다! 제명대로 살다가 힘들이지 않고 고이 죽는 고종명考終命을. 부디 전날 저녁때까지 팔팔하고 생생하게 탈 없이 지내다가 다음 날 아침에 싸늘하게 죽어 있는 급살急煞 맞음 말이다. 급서急逝라 해도 좋다. 초로인생草露人生이라, 마신 숨 뱉지 못하면 죽는다. 노인의 건강은 봄눈春雪과 같다 했던가. 그렇게 가고 말 것을 부득부득 살아 보겠다고……, 속진俗塵에 찌든 마음에다 티끌 먼지를 많이도 마셨지.

요새 노인들 세계에서 유행하는 말에 '9988234'라는 것이 있으니, 좀 욕심스럽지만 근본 취지(?)는 무척 아름답다 하겠다. 아흔아홉(99)까지 팔팔(88)하게 살다가 이삼(23)일 앓고 사(4, 死)라! 그 이상 최고의 행복이 어디 있겠는가 말이다. 우리 어머니가 언제나 하시던 말씀, "자는 잠에 죽어야 할긴데!" 그 소망을 이루지 못하시고, 5년 가까이 노망老妄으로 갖은 고생을 다 하시며 자식들을 모두 불효자로 만드신 어머니를 옆에서 봤기에 '예쁜 죽음'에 대한 바람이 더욱 간절해지는 것이리라. 수壽, 부富, 강녕康寧, 유호덕攸好德, 고종명考終命이 오복五福이 아니던가. 살만큼 살고, 먹는 것 큰 걱정 없고, 몸 건강하고 마음이 편하게 지내면서, 좋은 덕을 닦고 즐기면서 명대로 살다가 편안하게 죽는 것이 갖은 행복이 아니고 뭐란 말인가!

톡톡 튀는 톡토기

톡토기springtail는 남극에서 북극까지 세계 구석구석, 속속들이 살지 않는 곳이 없으매 동굴까지도 서식처로 삼는 동물이다. 톡토기는 흙 속 어디서나 발견되는, 몸길이가 1~6밀리미터 정도로 절지동물 중에서 아주 작은 곤충이다. 세계적으로 3,500여 종이 있으며, 수컷이 물방울에 정자를 집어넣고 매달아 두면 암컷이 그것에 배를 들이대어서 빨아들인다. 이것이 톡토기의 짝짓기다. 알 → 애벌레 → 자란벌레의 생활사生活史, life history를 갖는 불완전변태를 하는데, 알에서 부화한 새끼는 자란벌레와 아주 흡사하고, 3~12번 탈피하여 자란벌레가 된다. 다 자라고도 탈피를 하니 일생 동안 약 50번을 넘게 허물벗기를 한다.

톡토기는 축축한 낙엽이나 곰내 나는 부식 중인 물체에 몸을 숨기는 성질이 있고, 표토 1제곱미터에 10만 마리나 살며 흙이 있는 곳이면 어디나 산다. 가끔은 습기 찬 목욕탕이나 지하실에 나타나는 수가 있다. 톡토기는 하도 작아서 그냥 무심코 봐서는 보이지도 않고, 육안으로 쉽게 보기도 어렵다. 반드시 신경을 써 눈에 핏발을 세워 돋보기로 봐야 눈에 들어온다. 톡토기는 토양선충, 지렁이, 진드기 등과 함께 대표적인 1차소비자다(때문에 토양생태계에 중요한 구실을 함). 흙 속의 낙엽, 곰팡이나 버섯, 세균, 다른 동물의 배설물들을 먹이로 하지만 어떤 놈은 어린 새순을 먹어 해충 취급을 당하기도 한다. 하여튼 지렁이처럼 흙을 걸게 하는 토양 동물로, 입은 깨물거나 빨아먹기 좋은 구조를 하고 있어 토양선충을 잡아먹기도 한다. 톡토기는 몸빛이 흐린 갈색이거나 희뿌연 색, 검은색, 불그스레한 색 등 아주 다양하다. 생김새가 비슷하기에 톡토기를 벼룩이나 진드기로 잘못 알기도 한다.

톡토기는 날개가 없는 무시류無翅類로 가장 원시적인 곤충 중의 하나다. '가장 원시적'이란 말은 뭘 의미하는가? 맞다, 아주 오래된 생물이란 뜻으로 그 동물에는 많은 '과거'가 묻어 있고 '지구의 역사'가 들어 있다는 뜻이다. 시골 사람들에서 역사의 흔적을 많이 보듯이 말이다. 그래서 난 '촌놈'이란 말을 그리 좋아한다. 내가 바로 '깡촌놈'이니까! 사람도 그렇지만 '옛것을 떨치지 못하는 사람'은 결코 '못난놈'이 아니다! 은행나무가 그렇고 해면海綿이 그렇듯 오랜 흔적을 듬뿍 지니고 있는 '생화석生化石, living fossil'이 아닌가.

톡토기는 다른 곤충과 마찬가지로 머리, 가슴, 배(6마디)로 나뉘고 가슴에 다리 3쌍, 머리에 더듬이 1쌍이 붙어 있으며 배에는 도약기와 점관들이 있다. 톡토기 무리는 날개가 없는 대신 끝이 둘로 갈라진 갈퀴포크, fork 모양의 도약기跳躍器, furcula가 배복부 끝에 붙어 있어서 그것으로 톡톡 뛴다. 그러고 보니 톡토기의 영어 이름 'springtail'은 '용수철 닮은 꼬리를 갖고 있다.'라는 뜻이 아닌가. 이들은 도약기를 이용해서 이동하고, 때에 따라서는 도망을 친다. 세상에 먹는 놈(포식자)이 버글거리니 힘약해 먹히는 놈(피식자)들은 긴장의 끈을 늦출 겨를이 없다. 쫓고 쫓김의 삶이다. 그러나 저를 해코지하지 않는다는 것을 알면 도망가지 않는다. 산비둘기만 봐도 그렇다. 내 밭에 내려앉아 먹이를 주워 먹으면서도 노상 고개를 들었다 놨다, 이쪽저쪽으로 돌린다. 그래도 나와는 친한지라 일정한 거리에서는 주눅 들지도 않고 무서워하지도 않는다. 그렇지만 길들여졌을 리가 없는 톡토기는 개미나 진드기 따위의 천적이 가까이 오면 날래빨리 튀어 버린다. 톡 튀어 버린다고 톡토기인가? 먹고 돈도 안 내고 튀는 놈을 '먹튀'라 한다지?

모든 톡토기가 도약기를 가진 것이 아니고, 보통 땅 위에 사는 놈들에게 있다. 평소에는 도약기를 붙드는 기관이 있어서 사용치 않고 잡아매 놓고 기어 다니다가, 위험에 부딪치면 잽싸게 풀어서 발작적으로 튀어 오른다. 배 끝에 붙어 있는 갈퀴 모양의 도약기의 힘이 꽤나 세서 제 몸의 열 배가 넘게(보통 10센티미터 정도) 점프한다. 벼룩flea이란 놈은 제 몸의 30배를 훌쩍 뛴다는데……. 톡토기는 꼬리 닮은 도약기를 따로 가지고 있지만, 벼룩은 교묘하게 변한 뒷다리를 뜀박질하는 데 쓰는 것이 다르다. 높이뛰기 선수들은 벼룩이 참 부럽다. 뒷다리에 특수 단백질이 있어서 굽히고 펴는 굴신屈伸이 가능하다고 한다. 그런 곡절曲折, 그런 내력來歷이 있었구나!

톡토기는 배의 제1 마디에 빨판 같은 점관 점착관 粘着管을 가지고 있는데 이것은 끈적끈적한 물질을 분비하여 식물의 줄기나 뿌리 등 아무 데나 착착 달라붙는다. 톡토기의 점관은 몸을 부착하는 일 외에도 수분 섭취에 중요한 일을 하는 것으로 보인다. 원래 이 동물은 습기가 축축한 곳에 사는 놈으로, 살갗에 묻어 있는 수분을 통해 피부호흡을 한다. 피부의 물기가 산소를 품고, 그 산소를 몸 안으로 보내어 호흡을 한다는 말이다. 이것은 개구리나 지렁이도 마찬가지인데, 피부가 마르는 것을 막기 위해 톡토기는 점관을 통해 자주 물을 빨아들인다. 게다가 톡토기는 고양이처럼 물로 몸을 닦는 깨끗한 동물로, 입에 물방울을 끄집어내어서 앞발에 달린 발톱으로 온몸을 닦는다고 한다. 아니, 몸길이가 몇 밀리미터밖에 안되는 벌레가 목욕을 해!? 참으로 오묘한 적응들이다!

어떤 톡토기는 곰팡이를 먹고 사는 거미를 닮았다. 그래서 다른 동물들은 그놈이 거미인 줄 알고 피한다. 이런 것을 의태 擬態, mimicry라 한다. 알다시피 몸에 독성이 있어 새들이 먹기를 꺼린다는 황제나비monarch butterfly의 겉모습을 빼닮아 죽음을 피해 가는 부왕나비viceroy butterfly도 이런 방식으로 살아남기 위한 고도의 작전을 편다. 그뿐이 아니다. 톡토기 중에는 개미나 진드기들에게 독이 되는 물질을 품고 있어서 잡아먹히지 않을뿐더러 피부에 나비의 비늘scale과 같은 가루가 덮여 있어서 거미줄에 걸려도 비늘만 떨어지고 몸은 도망을 간다.

한편 도약기를 갖지 않는 톡토기도 있다. 만일 흙 속에 사는 놈들이 도약기를 갖는다면 되레 방해물이 되기 십상이다. 굳이 필요 없는 어쭙잖은 군더더기를 거추장스럽게 가지고 있는 주책바가지 생물은 절대 없다. 버릴 것은 결단코 버리는 과단성을 가진 생물들이다. 그래서 깊은 흙 속에 사는 것은 도약기는 물론이고 더듬이와 눈이 퇴화하고 도약기와 점관이 숫제 없어지고 말았다.

"몸길이가 고작 5밀리미터밖에 안되는 톡토기를 연구하면서 점점 확장돼 온 생물학 지식을 통해 제 자신이 어떤 존재인지를 어렴풋하게 알게 됐습니다. 만약 생물학을 공부하지 않았다면 인간이 과연 무엇인지에 대한 어떤 깨달음도 없이 무지몽매無知蒙昧한 인생을 살아왔을지도 모릅니다.” 전북대학교 생물과학부 이병훈 명예교수는 생물학이라는 학문과 자기의 삶을 이처럼 압축해 말했다. 이것은 자기 전공에 대한 깊은 애착이 담긴 말이다. 나와도 가깝게 사귀며 지내 온 편인 이 교수는 평생을 톡토기와 벗하고 싸우면서 곧이곧대로 살아온 분이다. 내가 달팽이나 조개와 고둥을 사랑하고 아끼면서 살았듯이 말이지.

큰 동물도 쌔고 쌨는데 하필이면 꼬마둥이 톡토기를 전공했단 말인가? 나 또한 외국의 전공 잡지를 보다가 거기에 실려 있는 많은 달팽이 사진들을 보고, “앗, 이런 것이 있구나!” 하고 관심을 갖기 시작하지 않았던가. 그게 다 인연이라는 것으로, 돌부리를(에) 차도(채여도) 인연이라 한다. 어쨌거나 만남이란 그지없이 귀한 것. 한때 그리운 사람이었지만 세월 따라 멀리 가 버린 이도 ‘떠남의 인연’ 때문이리라! 부질없는 소린 줄 알지만 분하고 억울하기 그지없는 원통한 이별도 있었기에 하는 말이다. 인연 또한 화사한 봄처럼 더디 와서 쉬 간다!

땅에 사는 갑각류 쥐며느리

송충이가 솔잎을 먹어야 하듯이 '달팽이 박사(Dr. snail)'인 나는 달팽이를 잡아야 한다. 풀잎이 다 말라비틀어진 겨울에는 어떻게 달팽이를 잡을까? 독자 여러분은 '땅꾼'이란 말이 귀에 익을 것이다. 겨울에 뱀들이 어디에서 겨울잠을 자는지를 알고 거기를 급습하여 무리째 잡는 사람 말이다. 그들은 뱀이 어디에 있을지 본능적으로 알아차리는데, 그런 점에서는 나도 다르지 않다. 잡는 것이 뱀이 아니라 달팽이라는 점에서 다를 뿐이다. 여기다 싶어 마른 잎사귀들을 걷어 제치면 거기에 꼬마 녀석들이 올망졸망 오글오글 모여 고개를 파묻고 있다. 노다지가 따로 없다. 달팽이들은 햇살을 내리받는 양지바른 곳, 물기가 차지 않은 메마른 흙에, 바람을 피하게 옴쏙 들어간 자리에 모여 있는데, 겨우내 땅이 얼지 않을 그런 자리에서 월동을 한다.

여름엔 덩치가 큰 대형종을 잡고 겨울에는 덩치가 작은 녀석들을 채집한다. 여름에는 풀숲이 우거져서 구석구석 채집이 어렵기 때문에 주로 큰 돌을 뒤집어 거기에 숨은 놈들을 잡는다. 물론 음습한 곳에 저절로 나와 기어 다니는 놈들도 잡는다. 뭐니 해도 '비를 기다리는 달팽이'들이라 비 오는 날이면 이놈들이 꾸물꾸물 '외출'을 시작한다. 그들의 나듦에는 먹이를 찾는 것 말고도 다른 목적이 하나 더 있다. 짝을 찾는 것이다. 제 몸에서 알도 정자도 다 만들어 내는 암수한몸 _{자웅동체} 雌雄同體이건만 굳이 다른 놈의 정자를 받겠다는 의도다. '근친결혼'이 해롭다는 것을 그들이 먼저 알고 있더라!

달팽이들은 비 그친 뒤에 바위나 담벼락에 눈을 꽂아 이쪽에서 저쪽으로 훑어 나간다. 요샛말로는 스캐닝_{scanning}을 하는 것이다. 아니나 다를까, 요놈들이 쌍쌍이 짝을 짓는다. 나로선 일석이조라, 두 마리씩 잡을 수 있으니 좋다! 바로 잡지 않고 장난을 좀 친다. 튀어나온 더듬이를 손으로 살짝 대 볼라치면 옴씰하고 오그려 집어넣는다. 그리고 여간 건드려도 상대 몸에 서로 꽂은 음경을 빼지 않는다. "어떤 녀석이 종족 보존을 위한 신성한 의식을 치루고 있는데 방해를 하는고!" 하고 고함을 치면서 말이지. 나쁜 사람은 바로 나다.

여름에 달팽이를 채집하면서 언제나 만나는 것이 있으니 땅에 사는 유일한 갑각류_{甲殼類, 껍질이 딱딱하다는 뜻으로, 새우나 가}

재, 게 무리를 통칭함인 쥐며느리와 공벌레다. 바닷가에서 흔하게 봤던 갯강구와 비슷하게 생긴 쥐며느리 무리 말이다. 생물이라는 것이 제일 먼저 바다에서 생겨나 강을 따라 와서 땅으로 올라간 것이 있는가 하면, 바다에서 곧바로 뭍으로 침입(진화)하는 것이 있다. 그러니 바닷가에 사는 갯강구가 곧바로 뭍의 쥐며느리로 바뀐 것이라 봐도 좋을 듯. 갯강구는 군생群生하며 버려진 것을 찾아 먹는, 일렁거리는 바다가 땅과 만나는 바닷가의 청소부다. 땅으로 올라온 쥐며느리 무리 가운데 일부는 다시 바다로 내려가 버린 것이 있다고 한다. 마치 바다에 사는 물개·고래 등과 같은 포유류들이 뭍으로 올라왔다가 다시 바다로 내려가 '재적응'한 것과 같다.

'땅의 갑각류'인 쥐며느리 이야기를 본격적으로 해 보자. 납작하고 길쭉한 타원 모양인 쥐며느리wood lice의 몸은 머리, 가슴, 배 세 부분으로 나뉘고, 몸의 대부분은 7마디로 된 가슴이 차지하고 있다. 각각의 마디에는 모양과 크기가 같은 다리가 각각 2쌍씩 붙어 있다. 때문에 등각류等脚類, isopod라 부른다. 쥐며느리 무리에는 쥐며느리 말고도 공벌레 등 몇 종이 있으며 그것들은 땅에 사는 갑각류다(곤충 무리가 아님). 앞에서도 말한 새우, 게, 가재, 물벼룩 같은 갑각류는 죄다 강이나 바다에 사는데 쥐며느리 무리 몇 종이 유별나게 땅에 살고 있다.

쥐며느리의 몸빛은 회갈색 또는 암갈색이고 노란 점무늬가 군데군데 있다. 썩어 가는 낙엽이나 가마니 밑, 돌 밑, 쓰레기 더미 등 습기가 많은 곳에 떼를 지어 산다. 주로 썩어 가는 나무나 낙엽 등을 먹지만 죽어서 부패 중인 동물도 먹는다고 한다. 세계적으로 3,000여 종이 있다고 하니 쥐며느리 무리만 해도 참 다종다양 多種多樣 하다 하겠다.

쥐며느리는 물에 사는 갑각류와 같이 더듬이가 2쌍이며, 아가미로 호흡한다. 아가미gill란 말은 물에 사는 동물들의 호흡 기관을 말하는데, 쥐며느리 무리의 아가미를 '가짜 숨관pseudo trachea' 이라고 부른다. 그러기에 쥐며느리 무리는 물기가 아주 많은 돌 밑이나 나무토막 아래, 바위 틈새 등에서 살지 않으면 안된다. 쥐며느리는 배 아래에 있는 보육낭保育囊, brood pouch에 100여 개의 수정란을 집어넣어 얼마동안 키운다. 이것은 물에 사는 갑각류인 새우나 가재와 하나도 다르지 않다. 알은 부화하여 네댓 번 탈피하고 성체가 된다. 탈피할 때 2주일은 앞쪽의 반을, 2주일은 뒤쪽 반을 하기에 어떤 때는 몸의 색이 반반씩 아주 다른 것을 본다. 쥐며느리는 번데기 시기가 없는 직접발생(불완전탈바꿈)을 한다. 등껍질(갑각)이 있기는 하지만 발달하지는 못해 몸에서 물기가 날아갈 위험이 있다. 그래서 쥐며느리는 언제나 그리고 반드시 습기가 많은 곳에 산다. 선택의 여지가 없다고나 할까.

쥐며느리란 이름은 왠지 좀 요상하고 음침한 느낌을 준다. '쥐며느리'는 '쥐'와 '며느리'가 합쳐 생긴 말이다. 대체 쥐와 며느리가 어쨌다는 말인가? 쥐며느리는 그늘지고 습기 찬 땅바닥, 즉 음습한 곳에 산다. 달팽이 채집을 하느라 가랑잎이나 돌멩이를 들치는 날에는 언제나 이 녀석들을 만난다. 그런 곳에는 쥐도 들끓는 것일까. 엄하고 마음씨 고약한 시어머니를 보면 고개 푹 숙이고 구부려 꼼짝 못하는 며느리처럼, 쥐가 나타나는 날에는 놀라 몸을 움츠리고 죽은 시늉을 하는 벌레일까? 그래서 그 이름이 '쥐며느리'가 됐을까? 당최 어원語源을 알 수가 없으니 마음 답답하다.

쥐며느리는 얼핏 보면 공벌레와 비슷하게 생겼다. 그러나 공벌레는 놀라거나 위험에 처하면(우리가 슬쩍 건드려 봐도) 동그란 공 모양으로 몸을 움츠려 말아 버리지만 쥐며느리는 약간 몸을 구부리는 정도다. 말이 나온 김에 공벌레 얘기를 좀 더 하자. 공벌레는 둥근 공 꼴을 한다고 해서 붙은 이름이다. 똥그란 콩 모양을 한다고 '콩벌레'라고도 하고, 서양 사람들은 '알약벌레pill bug'라 한다. 이러나저러나 급하면 몸을 돌돌 말아서 딱딱한 겉껍질(갑각)로 몸을 감싸 보호하는 습성을 가지고 있다. 공벌레가 등짝의 딱딱한 갑옷을 또르르 말아 버리는 것은 포유동물인 아르마딜로armadillo를 꼭 닮았다. 천적은 새나 도마뱀, 거

111

미 등이며 주로 야행성이다. 다시 아까 얘기로 돌아가서, 아무튼 쥐며느리 녀석들은 자극을 받으면 행동을 멈추고 죽은 시늉을 한다. 다른 곤충들도 죽은 흉내를 내어서 먹힘을 피하는데, 곤충들은 천적이 죽은 벌레를 먹지 않는 습성이 있다는 것을 알고 있다. 무당벌레를 보라. 건드리지도 않았는데, 내가 온다는 것을 알아차리고 감자 잎에서 툭 떨어져서 뒤집혀진 채로 죽은 척하다가 얼마 후엔 "다리(날개)야 날 살려라." 하고 냅다 도망을 간다. 쥐며느리는 거미 등의 천적이 공격하면 몸에서 불쾌한 냄새가 나는 화학물질을 분비하기도 한다.

발이 많은 지네

지네는 절지동물로, 입술 모양의 다리를 가진다고 순각류 脣脚類라 부른다. 한자어로 '오공蜈蚣'·'토충土蟲'·'백족百足'이라 한다. '百足'은 발이 100개라는 말이 아닌가. 그렇다. 영어로 지네 무리를 'centipedes'라 하는데, 'centi'는 백이요, 'ped'는 발이란 뜻이다. 그런데 우리가 주변에서 보는 왕지네만 해도 체절體節이 21개에 지나지 않는다. 체절 하나에 다리가 1쌍씩 붙어 있으니 발을 모두 합쳐도 42개밖에 안되는 셈이다. 그런데도 서양, 동양 다 같이 'centipede'다 '百足'이다 하여 '뻥'을 튀긴다. 암튼 지네는 종류에 따라 15개에서 191개의 체절몸마디을 갖는 것이 있다고 한다.

지네는 축축하고 그늘진 곳을 좋아한다. 주로 야행성이며, 몸은 길쭉하고 등과 배를 누른 꼴로 납작하다. 몸길이 0.5센티미터 정도 되는 작은 것에서부터 30센티미터가 넘는 대형종도 있다고 한다. 흙 속이나 가랑잎 아래, 돌 밑, 죽은 나무둥치 등에 살며, 열대우림 지방에서부터 사막에까지 살지 않는 곳이 없다. 이러한 사실은 지네가 환경에 꽤나 잘 적응한 동물임을 보여 준다. 대략 4억 2천만 년 전에 지구에 태어났다고 하니 우리의 대형大兄임이 틀림없다.

지네는 암수딴몸자웅이체雌雄異體으로 일반적으로 암컷이 수놈보다 덩치가 크고 다리 수도 암컷이 더 많다. 어릴 때는 체절이 몇 개 안되지만 커 가면서 체절도 따라 늘어난다. 머리에는 눈과 끝이 염소 뿔처럼 고부라진 더듬이가 1쌍씩 붙어 있으며, 첫 체절에 고부라진 무서운 독 발톱poison claw이 있어서 지네에 물리면 벌에 쏘인 것처럼 퉁퉁 부으면서 아주 쓰리고 아프다. 이것으로 자기 몸을 방어도 하지만 주된 목적은 먹이를 잡는 데 있다. 지네는 전형적인 육식동물로 지렁이를 포함하는 무척추동물들을 잡아먹는다. 그런데 열대우림에는 1미터가 넘는 지네가 있다고 한다. 그 큰 지네는 박쥐, 도마뱀, 개구리 등 닥치는 대로 마구 잡아먹는다고 하니, 사람도 이런 놈에게 걸리면 속절없이 당하고 만다. 알다시피 더운 지방으로 가면 갈수록 변온동물들의 몸집이 크고 몸빛도 곱다.

왕지네는 우리나라에 사는 지네 중에서 가장 크며 다 자라면 몸길이가 15센티미터에 달한다. 머리는 황적색이고 등판은

푸르뎅뎅하거나 거무스름하며, 다리는 노란색 또는 주황색이다. 머리에 1쌍의 더듬이와 좌우 각각 4개씩의 홑눈이 있고, 1쌍의 독毒다리를 가지고 있다. 여름에는 농촌이나 교외의 인가에 침입하는 수도 있으며, 물렸을 때 통증이 심하고 크게 부어오르기도 하지만 생명을 잃는 경우는 없다. 지네는 약으로도 쓰는데, 예로부터 지네를 기름에 담가 두고 외상外傷이나 화상火傷을 입었을 때 발랐다고 한다.

60여 년 전의 일이다. 예전에는 장마라도 지는 날이면 수제비나 묽은 국밥 한 그릇 얻어 걸치고 사랑방에서 낮잠을 자는 것이 예사다. 비 오는 날에는 소 먹이러 가는 것도 꼴 베기도 멈춘다. 개도 꼼짝 않고 제 집에 처박혀 나오지 않는다. 낮잠으로 부족한 영양을 때우는데, 깜빡 잠든 사이에 개꿈을 꾼다. 대중 없이 꾸는 어수선한 꿈이나 허황한 꿈을 개꿈이라 하던가. 그런데 이건 그렇지 않다. 지네 꿈이다! 낮잠이 든 사랑방 소년은 느릿느릿 기어가는 지네 꿈을 꾸었다. 아니나 다를까, 화들짝 놀라 깨어 보니 벽에 벌건 지네 놈이 스물 스물 기어가고 있지 않는가. 사그락 사그락. 고부라진 발들이 표현하기 어려운 소리를 낸다! 내가 잠을 깬 것을 제 놈도 알아차린 모양이다. 제 딴에는 도망을 간답시고 대가리를 좌우로 흔들어 대니 따라서 몸도 꾸불거린다. 느닷없이 나타난 녀석을 보는 순간, 모골毛骨이 송연

竦然하다고 해야 할까. 나도 모르게 두려워 옹송그리게 된다. 검붉은 지네의 몸빛은 무시무시한 경계색 警戒色, warning coloration 이다. 게다가 수분증발을 막기 위해 겉껍질에다 왁스 wax 성분을 잔뜩 발라 놓아 몸이 반짝거리니 더더욱 무섭게 보인다.

사실 벽에 달라붙어 기어가는 지네는 어떻게 잡을 도리가 없다. 아예 포기하고 멍 하니 쳐다만 볼 뿐이다. 아니다, 겁이 나 쩔쩔맨다는 말이 맞다. 흉측한 색깔도 그렇지만 "지네 죽이면 앙물 앙갚음 한다."라는 이야기가 머리에 꽉 박힌 탓도 있다. 선입관을 떨쳐 버리기 어려운 것. 지네 수놈을 죽였더니 밤에 암컷이 기척 없이 몰래 와 앙물한다는 이야기는, 모르긴 해도 〈전설의 고향〉에도 분명 나왔을 터. 도대체 암놈에게는 어느 놈이 일러바쳤단 말인가? 나중에 좀 나이를 먹어 대담해지고 나서는 짚신을 들어와 지네 대가리를 내리갈긴다. 고무신이라도 있었으면 딱! 하고 충격이 컸을 터인데, 짚신이다 보니 세게 때린다고 때려도 설죽는다. 게다가 원래 지네는 몸이 납작한지라 충격을 훨씬 덜 받는다. 하여 방바닥에 기어가는 놈을 죽이지는 못하고 꼬챙이로 자치기 하듯 문밖으로 떠밀어 던진다. 지네가 앙물한다는 말은, 아무리 미천하고 하찮은 생명도 고귀하고 아름답지 않은 것이 없으매 생명을 귀하고 예쁘게 여겨 함부로 죽이지 말아야 한다는 불살생 不殺生 을 가르쳐 주는 것이리라.

"침 먹은 지네"란 말이 있다. 꼬마 지네를 만나면 머리 부분에 침을 탁! 뱉어 버린다. 물론 이 정도로 대담한 반응은 지네에 대한 겁이 없어지고, 공포심이 무뎌진 다음에야 가능하다. 방바닥에 기어가는 지네의 머리 가까이에 입을 갖다 대고 침을 뱉는다니 말이다. 실제로 침 한 방 먹은 지네 놈은 방향감각을 잃고 사방을 헤맨다. 사람의 침이라는 것이 뭔가. 지네의 독이 바로 지네의 침샘에서 만들어진 침이듯이 사람의 침 또한 다른 생물에게는 독이 되는 것이다. 그래서 우리는 벌레에 물리거나 가려운 데에 침을 바른다. 약과 독은 동전의 양면이라, 나에게는 약이 되지만 남에게는 독이 되는 침!

흔히 지네와 닭은 서로 상극相剋이라고 한다. 지네는 닭이 자기를 밟으면 독을 내뿜고, 닭은 지네만 봤다 하면 사정없이 쪼아 먹는다. 부리로 머리를 물고는 땅바닥에 콕콕 찧어 죽인 다음 고개 치켜들고 꿀꺽 삼킨다. 그러기에 지네를 잡을 땐 먹다 남은 닭 뼈를 쓴다. 닭은 지네만 보면 달려들어 잡아먹고 지네도 틈만 나면 닭을 물어 죽인다. 그래서 닭과 지네가 서로 이기려 드는 형상을 일러 '오공대계蜈蚣對鷄'라 한다. 서로 못 잡아먹어 응얼거리는 관계!

지네는 육식하는 놈으로, 주로 지렁이를 잡아먹는다. 지렁이가 많은 곳은 뭐니 해도 밤나무 밑만 한 곳이 없다. 다른 말로 지네가 있는 곳엔 지렁이가 있고, 지렁이 많은 데는 언제나 지네가 들끓는다. 모가지가 좁은 작은 항아리에다 닭 뼈를 몇 토막 집어넣고는 밤나무 아래 적당한 곳을 찾아 항아리 주둥이가 땅바닥에 닿게 묻어 둔다. 하룻밤 지나 항아리를 파내면 그 속에는 오글오글 지네가 한가득! 항아리 목이 좁으니 일단 안에 든 놈은 통발에 걸리듯 기어 나오지 못하고 발버둥만 친다. 사랑방 벽은 종이로 바른지라 지네가 벽지에 발톱을 끼어 넣을 틈이라도 있지만 매끈하게 다듬어 놓은 항아리에는 발을 붙이지 못한다. 기어오르다가 벌러덩 나자빠지기를 거듭할 뿐이다. 갑자기 파리가 유리에 달라붙는 것이 생각난다. 흔히 파리 발바닥에 끈적끈적한 풀이 있어서 파리가 유리에 붙는다고 여기겠지만 그렇지 않다. 유리를 아무리 잘 마름질해도 현미경으로 보면 울퉁불퉁하고 틈새도 많아서, 파리 발끝의 센털 강모 剛毛을 집어넣어 꽉 붙들 수가 있는 것이다. 아마도 지네발도 그런 털이 있었다면 항아리 벽에 거꾸로 매달리는 것이 가능했을 터이지만……

서울 경동시장에 가 보면 지네를 잡아 말려 예쁘게도 한 뭉치씩 가지런히 묶어 놨다. 지네는 가루를 직접 먹기도 하고 술을 담가 먹기도 할뿐더러 오골계 烏骨鷄와 같이 삶아 먹기도 한다는데, 주로 허리 아픈 사람들이 먹는 것으로 알고 있다. 지

네는 마디와 마디가 아주 나긋나긋하게 이어져 있어서 '허리 아
픈 지네'는 없어 보이고, 따라서 지네는 허리에 좋은 것이라는
생각에서 지네를 먹는 것은 아닐까? 무릎이 좋지 않은 사람들
은 높은 곳에서 펄쩍 뛰어 내려도 부드럽게 착지 着地하는 고양
이를 삶아 먹는다고 하지 않나. 지네도 '그래서 먹는 것이 아닐
까 하고 그냥 추측해 본 말이다. 그런데 지네 한 마리에 보통
1,000원꼴로 지네잡이가 부업으로도 인기가 좋다는 걸 보면 약
효가 있긴 있는 모양이다. 그리고 보니 문득 생각난다. 집사람
이 허리 아파서 지네를 닭과 같이 달여 먹인 적이 있었구나!

　　지네는 암수가 체내수정을 하지는 못한다. 대신 수컷이 정
자를 쏟아 모은 덩어리를 암놈 가까이 두고 몸을 흔들면서
꼬드기면(courtship dance) 암놈이 그 덩어리를 들어 올려 자궁
에 집어넣는다. 춤추는 지네 수놈의 모습이 궁금하다! 암놈은
흙이나 썩은 나무에 구멍을 파고 10~50여 개의 수정 된 알을
낳는다. 알이 부화하는 데 보통 1~3개월이 걸린다. 그동안에
암컷은 그 알을 지키면서 핥아 주어 곰팡이에 감염되는 것을 막
기도 하고, 어떤 것은 몸으로 알을 감싸고 있기도 한다. 알에서
나온 새끼를 그냥 보내지 않고 얼마동안 보호하기도 한다니 살
가운 지네의 모정이라 하겠다. 그 무섭고 사나워 보이는 지네도
자식에게는 더없이 다정한 어머니다. 고슴도치도 제 새끼 털은

함함하게 여긴다고 하던가? 여느 생물치고 자식에게 곡진曲盡한 사랑을 베풀어 쏟지 않는 생물이 있던가. 종족보존 그 자체를 위해 그렇게 어렵고 힘든 세상을 살아가는 것이 아닌가.

돈벌레 그리마

　그리마는 절지동물에 속하고 지네와 마찬가지로 순각류다. 뭉뚱그려 말하면 '벌레worm'에 지나지 않지만 그들도 지구에서 당당하게 한자리를 차지하고 있는지라 무시하지 못한다. 어쨌거나 그리마는 지네와 크게 다르지 않은, 피가 아주 가까운 사촌 간인 동물이다. 지네, 노래기 따위의 이름도 그렇지만 '그리마'란 이름의 어원은 뭘까? 참 궁금하다. 어째서 국명國名의 어원을 알 길이 없을까. 요상하게도 그리마란 이름은 어찌 보면 서양 이름 같아 보이기도 한다. 어쨌거나 누가 그 어원을 좀 밝혀 놨으면 좋았을 것을……. 서양의 것들은 죄다 그 말의 뿌리, 줄기, 가지까지 찾을 수 있는데……. 참 애닲고 애닲다!

　그리마의 영어 이름은 'house centipede'인데, 지네의 영어 이름 'centipede'가 붙는다. 이처럼 이름에서도 지네 무리와 아주 가까운 벌레임을 알 수 있다. 그리마의 몸빛은 청람색, 흑갈색, 회백색이며 얼룩무늬가 있는 것도 있다. 그리마는 거미, 모기, 파리, 빈대, 흰개미, 바퀴벌레, 좀, 개미와 같은 작은 곤충과 그것들의 알을 잡아먹는 식충류食蟲類다. 거미처럼 독니로 먹잇감을 찔러 죽인다. 봄에 평균 63개의 알을 낳는데, 많게는 151개를 낳는 것도 실험실에서 관찰하였다고 한다. 낳은 알은 진흙으로 싸서 땅 위에 둔다고 하며, 갓 부화한 애벌레는 다리가 4쌍이며 탈피할 때마다 체절과 다리수가 늘어난다. 역시 서늘하고 습기 찬 곳을 좋아해, 큰 바위 아래나 나무를 쌓아 둔 곳에 주로 산다. 집 안에서도 침실은 물론이고 거실, 베란다 등지에 서성거린다. 그리마를 자주 볼 수 있는 철은 주로 봄인데, 날씨가 따뜻해지면서 녀석들이 돌아다니기 시작하는 탓이다. 그러나 가을이 되면 방 안 구석진 곳에 숨어 버리기에 볼 수가 없다. 그리마의 몸길이는 2~7센티미터로 몸은 머리와 몸통으로 되어 있으며, 머리에는 1쌍의 긴 더듬이와 1쌍의 겹눈이 있다. 몸통은 막대기 꼴이고, 가늘고 긴 다리는 15쌍이며 여러 마디로 되어 있다. 몸은 지네같이 거칠고 딱딱한 편이지만 다리는 연약하여 마디가 쉽게 잘라진다.

방을 쓸거나 물건을 치우다 보면 긴 다리가 붙어 있는, 밝은 회색빛을 한 작은 막대 모양을 한 녀석이 방구석에 후딱 나타나 쏜살같이 내뺀다. 징그럽고 귀엽고 할 여가도 없이 반사적으로 빗자루로 탁! 내려친다. 제대로 못 잡았다. 녀석 봐라! 다리 몇 개를 잘라 놓고는 모른 척 시치미 떼고 삼십육계를 놓는다. '삼십육계에 줄행랑이 제일'이라더니 위험할 때는 도망하여 화를 피하고 몸을 보존하는 것이 상책이다. 아니 그런가? 눈앞에 잘려진 다리가 꼼작거리고 있으니 그것을 보는 사이에 그리마는 벌써 멀리 사라지고 말았다. 사람 손가락이 잘려져도 팔딱팔딱 뛴다던데……. 몸뚱이에서 분리됐지만 다리나 손가락의 세포들이 아직 살아 있어서 신기하게도 그런 반응들을 보인다! 졸지에 도마뱀을 공격하던 새鳥 꼴이 된 나! 위험을 알아차린 도마뱀은 꼬리 일부를 잘라 주고 내뺀다. 이를 자절 自切, autotomy 이라 한다. 새 녀석이 꿈틀거리는 도마뱀 꼬리를 부리로 몇 번이나 짓이긴 다음 꿀꺽 삼키는 사이에 도마뱀은 안전한 곳으로 피하는 것이다. 나중에 도마뱀 꼬리는 다시 새살이 돋으니 이를 재생 再生., regeneration 이라 하지 않는가. 그리마가 잘라 버린 다리는 다음번 허물을 벗을 때 다시 생긴다. 녀석들의 생존 작전이 기특하기만 하다. 소아 小我 를 버리고 대아 大我 를 지킨다!

　어느 동물들이나 제 몸을 보호하는 방법이 여럿 있다. 배추나비 애벌레처럼 주변과 아주 비슷한 몸빛을 지녀서 천적이 찾지 못하게 하는 보호색, 벌이나 무당개구리처럼 몸빛이 화려하고 섬뜩하여 천적에게 무섭게 보이도록 하는 경계색, 풀잠자리 애벌레처럼 찌꺼기나 티끌로 몸을 꾸며서 주변의 물건(나뭇잎이나 나뭇가지 등)과 아주 비슷하게 만들어 구별하기 어렵게 하는 위장, 꽃등에처럼 벌을 닮아서 천적이 먹기를 꺼리게 하는 의태 들이 있다.

그렇다면 물결나비의 날개에 있는 '눈알무늬'는 살아가는 데 어떤 도움이 되는 것일까? 인도의 어느 지방에는 아직도 범에게 물려가는 사람이 있다고 한다. 그래서 그들은 논밭에 나갈 때는 사람 얼굴 모양의 가면을 머리 뒤에 쓰고 나간다고 한다. 가면에 그려진 눈을 보고 범이 겁나서 달려들지 못하게 하려는 것이다. 그건 그렇다 치고, 모든 동물은 자기의 천적동물의 큰 눈알을 제일 무서워하고 싫어한다. 나비나 나방이의 애벌레나 어른벌레가 가진 눈알무늬는 올빼미나 부엉이의 눈처럼 보이고 새들은 그 벌레를 피해 도망간다. 참 오묘한 적응이요 진화라 하지 않을 수 없다. 그뿐만 아니라 눈알무늬는 새들로 하여금 그곳을 쪼아 먹으라는 꾐이기도 하다. 무슨 말인고 하니, 새는 벌레를 발견하면 제일 먼저 생명 중추인 머리(눈)를 쫀다. 그래서 날개 끝에다가 가짜로 눈 모양의 무늬를 만들어 놓고 새가 거기를 쪼게 하여 나비나 나방이는 날개의 일부를 잃더라도 생명에는 큰 지장이 없다. 아하, 참 영리한 벌레들이로군! 잔인하게 잡아먹으러 달려드는 포식자捕食者, predator 로부터 재치 있게 죽음의 위기를 피해 가는 피식자 被食者, prey들의 영민 英敏함이 단연 돋보이는구나!

우리 시골(경상남도 산청군 단성면)에서는 발이 50개라는 뜻으로 그리마를 '쉰발이'라고 부르지만, 흔히 '돈벌레'라고 부른다. 돈벌레라고 부른 것은 녀석들이 밤이 추워지면 따뜻한 곳을 찾는데 겨울에 따뜻한 곳은 부잣집 안방이고 그런 부잣집에 그리마가 많기에 돈벌레라는 이름이 붙었을 것으로 짐작할 뿐이다. 아니면 그리 해롭지 않은 벌레이니 죽이지 말고 살려 주라는 뜻으로 붙인 이름인가? 하여튼 '돈'이 '독' 되어 영혼을 갉아먹는 수가 있으니 청빈낙도 淸貧樂道라, 맑은 가난을 즐기며 살 일이다! 단사표음 簞食瓢飮이라, 도시락밥과 표주박에 든 물이란 뜻으로 '가난한 생활'을 일컫는 말이 아닌가. 재물은 살면서 잠깐 보관하는 것이니, 죽을 때 제자리에 놓고 가야 한다. 때문에 예부터 공수래공수거 空手來空手去라 하는 것 아닌가. 재다신약 財多身弱이라, 재산이 많으면 몸이 약하다고 한다. 그렇다, 하느님은 모두를 주지 않는 법!

그리마는 원래 지중해에 살던 것이 퍼져나가 온 세계에 산다고 한다. 여러 해충들을 잡아먹는, 사람에게 유익한 동물이니 너무 혐오스럽게 여길 것이 아니다. 사람이 사는 곳에 어찌 벌레들이 끼지 않을 수 있는가. 그러나 징그럽게 생긴 것이 으스스, 휙휙 재빠르게 내리 쏘다니니 사람들은 그놈을 싫어한다. 한데 그리마가 깨물어도 사람의 살갗은 뚫지 못한다고 한다. 혹간 그리마에게 물려도 순간적으로 따끔할 뿐이고 별 탈은 없다고 한다. 이제 그리마를 만나면 방정 떨지 않고 느긋하게 잡아서 슬슬 놀려 볼 작정이다. 여태 놈들을 보면 고개를 돌렸으니 말이다.

흙 파는 귀신 노래기

　노래기는 절지동물로 배각류倍脚類다. 머리와 몸통으로 나뉘고 몸통은 여러 개의 고리로 연결되는데, 체절 몇을 제하고 모두 2쌍의 다리가 붙었다고 배각류라 부른다. 체절 하나에 발이 2쌍씩 붙는 까닭이 있으니, 그것은 원래는 따로 나뉜 2개의 체절이었던 것이 붙어서 하나가 된 탓이며 이런 것을 중체절重體節이라 한다. 노래기의 몸길이는 2~28밀리미터, 몸 모양은 일반적으로 원통형이다. 번들번들 광택을 내고, 몸빛도 검은 것에서 적갈색 나는 것 등 아주 여러 가지다. 다리가 아주 짧아서 스멀스멀 느리게 기지만 대신 발의 힘이 세어서 흙을 파는 데는 귀신이다.

　노래기는 지방에 따라서는 '노내기'라고도 부르는데, 한자어로는 발이 100개라는 뜻으로 '백족충百足蟲', 둥근 벌레라는 의미로 '환충環蟲'이라고도 한다. 영어로는 'millipede'라 하는데 여기서 'milli'는 천千, 'ped'는 발足이란 뜻이다. 앞에서 지네를 발이 100개라는 의미로 'centipede'라고 한다 했는데, 어쨌거나 노래기와 지네를 비교하면 역시 노래기가 발이 훨씬 많다. 노래기의 체절은 11~60개이고, 체절 하나하나에 2쌍씩의 다리가 빽빽하게 붙으니 많은 것은 발이 좋게는 120개나 된다.

노래기는 다행히 사람에게는 크게 해롭지 않으나 다른 동물에게는 아주 치명적이라고 한다. 노래기는 일반적으로 부패 중인 낙엽이나 지푸라기 따위의 부식질腐植質을 먹고 살며, 지렁이처럼 분해자로서 토양을 기름지게 하는 데 중요한 역할을 한다. 그러나 놀놀한 어린 새싹들을 뜯어 먹는 수가 있으니 이럴 때는 그만 해충이 되고 만다. 노래기는 9~10월에 교미, 산란하고 죽는다. 알에서 부화한 유생은 그 상태로 월동하고, 다음 해 성숙하여 생식시기를 맞이한 뒤 그 일생을 마친다.

노래기는 주로 음습한 곳에서 산다. 동물 치고 어디 선불리 햇볕이 쨍쨍 내리쬐거나 바싹 메마른 곳에 살려고 드는 놈이 어디 있는가. 여름 대낮에 정자나무 아래에서 낮잠 자는 동네 노인들의 모습을 상상해 보라! 노래기는 몸 일부를 제외하고는 딱딱한 외골격으로 싸여 있고 역시 반짝거린다. 노래기를 건드려 보면 공벌레처럼 몸을 또르르 감아 버린다. 딱딱한 외골격으로 몸을 감싸는 것으로 고슴도치가 위험하다 싶으면 몸을 둥그렇게 감아 온통 바늘로 싸 버리는 것과 다르지 않다.

그건 그렇다 치고, 만약 요새 사람들이 맨발로 노래기를 밟았다면 아마도 혼절昏絕할 것이다. 그러나 옛날에 우리는 "어이 참!" 하고 걸레로 발바닥을 쓱 닦고 말았다. 지금처럼 그것들을 죽이는 '무슨 무슨 약(실은 독이지!)'이 없었다. 그 시절에는 모기를 모깃불로 쫓았다. 이야기가 나온 김에 모깃불이 어떤 것인지 이야기 좀 하자. 잡초나 쑥 따위를 캐서 마당 한구석에 모아 두고 말린다. 해거름 녘이 되면 벌써 모기 녀석들이 날뛰기 시작한다. 이제부터 슬슬 놈들과의 싸움이 시작된다. 마당 가운데 마른 풀을 한가득 쌓아 놓고 불을 지른다. 매캐한 연기가 온 집을 감싼다. 마당은 물론이고 방 안에까지 연막煙幕에 휩싸인다. 우리 집만 그런 줄 알았더니 뒷집 바우 집에서도 앞집 홍갑이 집에서도 연기를 피운다. 매운 연기에 눈물이 쏟아지지만 모기에게 피를 빨리는 것보다 낫기에 참는다. 어떻게 만든 피인데!

모기도 매운 연기 때문에 눈물을 흘리면서 도망가는 것일까? 아니다. 영리한 사람들의 연막작전에 모기가 뒤죽박죽, 말 그대로 카오스chaos에 빠진 것이다. 무슨 말인고! 모기는 사람의 땀 냄새나 체온, 코에서 나오는 이산화탄소나 습기 따위를 알아차리고 사람에게 달려오는 것인데, 이산화탄소 덩어리인

연기가 사람의 그것과 섞여 버리니 도무지 사람이 어디에 있는지 알 길이 없다. 혼돈, 혼란, 혼륜渾淪 상태에 빠진 모기는 내가 어디에 있는지 못 찾는다. 애롱! 모깃불 연기에 숨어 버린 나! 여름밤 모깃불의 쓸모는 여기에 그치지 않는다. 감자 몇 톨을 지긋이 묻어 뒀다가 불기운이 식을 무렵 구수한 냄새나는 그것을 끄집어내어 호호! 냠냠! 허기진 배를 달랜다. 보리죽이 아니면 수제비로 저녁을 때웠으니 배는 먹고 돌아서면 고팠다. 째지게 못살았던 이야기에 젊은 사람들은 대뜸 "또 그 이야기한다." 라고 빈정거리겠지만, 굶어 보지 않은 사람들은 아리고 쓰린 배고픔을 알지 못한다.

무위자연無爲自然이라, 옛날 사람들은 자연과 더불어 살려 하였다. 서양인들이 자연을 개척했다면 우리는 그저 조화롭게 따르며 산 것이다. 다친 제비 다리를 꽁꽁 매 줬고, 벼름빡바람벽에 기어오르는 지네를 잡아 죽일 생각 없이 그저 훑어보기만 했다. 밤송이로 구멍을 틀어막아 보지만 천장은 늘 쥐의 놀이터였다. 발정기를 맞아 암놈 한 마리를 놓고 여러 마리 수놈들이 서로 차지하겠다고 우르르, 우르르 천장을 내달리면 곰방대로 천장을 후려쳐 보기도 하지만 결국은 달랜다. 빈대가 밉다고 초가 삼간을 불 지를 수는 없지 않은가. 그러나 암놈에 눈이 어두워진 수놈의 귀에는 아무 소리도 들리지 않는다. 사랑에 빠진 사람들의 눈과 귀 또한 그렇지 않은가. 마음까지 온통 다 빼앗긴다! 생각다 못해 천장 일부를 잘라 내고 그 구멍에 유리를 박아 빛이 천장에 밝게 들게 한다. 이래 놓고 "내 너를 들여다본다." 하고 공갈 협박을 해도 도로 아미타불, 헛수고다. 결국 달래는 길밖에 없다. "서생원, 서생원! 좀 조용히 하시게나!" 하고 말이다.

노래기라고 다르지 않다. 이놈도 막무가내다. 방에 습기가 차서 군불을 좀 넣을라치면 얼씨구나 좋다하고 방으로 기어드는 놈들을 어찌할 도리가 없다. 타일러 보는 수밖에. 입춘대길 立春大吉을 붙이듯 '향랑각시속거천리 香娘閣氏速去千里'를 흰 종이에 써서 기둥이나 문지방에 비스듬히 붙여둔다. 악귀나 잡신을 쫓고 재액 災厄을 물리치기 위해 야릇한 글자를 붙이는 종이, 바로 부적 符籍인 것이다. 지역에 따라서는 서까래에 매달아 둔다고도 한다. 징그럽고 냄새나는 노래기를 '향랑각시'라고 부르며, "곱고 고운 향기 나는 아가씨여, 어서 빨리 천 리 밖으로 멀리 멀리 가소서!" 하고 꼬드기는 길밖에 도리가 없다.

생명치고 예쁘지 않은 것이 없도다!

장마에 벌레들도 흥건한 빗물이 지겨워 바깥보다는 물기가 덜한, 아니 습기가 아주 적은 방으로 기어든다. 비가 오면 그렇게 나들이하던 산보객들도 뜸하고, 개도 제 집에 딱 들어앉아 나오지 않는다. 미끄러져 넘어지는 것을 겁내서 그러는 것이리라. 나는 비가 오나 바람이 부나, 눈이 오나 천둥이 치나 오후엔 밭가의 산등성이 거니는 것을 절대 빼놓지 않는다. 그래 그런지 고희古稀를 코앞에 둔 나이에도 '혈' 자 붙는 병을 피해 가고 있다. 늙으면 달려드는 3대 까탈인 혈압, 혈당, 혈중콜레스테롤 말이다. 타고난 유전인자 즉, 집안 내력 탓이기도 하지만 후천적인 이런 운동이 건강에 영향을 미친다. 유산소운동을 많이 하면 근력, 심폐기능이 좋아지는 것은 물론이고, 적혈구 수와 세포 속의 미토콘드리아 수도 늘어 난다. 이것이 다름 아닌 운동의 의미가 아닌가. 조촐하나마 불법 개간한 밭떼기에 달라붙어 사는 것도 건강에 영향을 미치는 것은 물론이다. 늙어갈수록 몸을 꼼작꼼작 쉼 없이 움직여라! 늘 하는 말이지만 use, or loose! 사용치 않으면 잃는다. 어디 몸뚱이뿐이겠는가. 머리도 다르지 않으니 마냥 읽고 씀을 게을리 말라. 그래도 일신일병장수一身一病長壽라, 늙으면 몸에 병 하나쯤은 다 갖는다. 몸에 병 있다 하더라도 마음은 병들지 않아야 할 것이다.

이야기가 엇길로 새 버렸다. 노래기가 방에서 불불 기어 다니는 것을 모르고 그만 맨발에 밟았다. 미끈둥하는 언짢은 느낌이 들면서 노린내가 순간적으로 확! 코에 달려온다. 노래기는 사람을 쏘거나 물지 않지만 고약한 냄새를 풍겨서 혐오감 내지는 불쾌감을 준다. 노래기는 자극을 받으면 몸 벽에 있는 현미경적인 크기의 구멍으로 독액을 분비하거나 독성물질인 시안화수소(HCN)를 분비하여 몸을 보호, 방어한다. 내 발에 밟힌 녀석들도 이런 반응을 하니 노린내가 난다.

어쨌거나 노래기도 제 살 요량이 있고 도망갈 궁리를 한다! 조그맣고 꼴같잖은 노래기에 물어보면 분명 저는 잘 생겼다고, 미물微物이 아닌 미물美物이라 답한다는 것을 잊지 말 것! 세상에 살아 있는 생명치고 예쁘지 않은 것이 없도다!

헷갈리는 삼총사 진드기, 응애, 진딧물

학생들을 가르치다 보면 진드기tick, 응애mite, 진딧물aphid
을 두고 혼동하는 경우를 가끔 본다. 여기서 아주 깨끗하게 정
리를 해 놓을 터이니, 독자 여러분께서도 이 절지동물들을 이해
하는 데 도움이 되었으면 한다. 일단 진드기와 응애는 동물에
기생을 하고, 진딧물은 식물에 기생한다는 것부터 알고 들어가
보자.

진드기

이야기는 옛날 먼 옛날 내가 어릴 때(대략 1940년대 말과
1950년대 초반)가 되겠다. 초등학교를 다닐 때도 집안일을 했지
만 졸업을 해도 중학교를 못 가니 꼴 베고 나무하고, 논밭 매고
소 먹이고 그렇게 집안일을 건사하며 살았다. 중학교를 갈 것이
라고는 꿈에도 생각지 못하고 말이지. 집에서는 닭 몇 마리와

소 한 마리를 키웠다. 이 정도 동물들을 키우는 것도 실은 아주 버겁다. 사람 먹을 것이 없는 판에 동물들 먹일 것이 어디 있단 말인가. 요새 같으면 사료를 사다가 먹이기에 여러 마리도 먹일 수 있겠지만, 그때 사료가 어디 있으며, 그런 것이 있었다면 동물을 먹이기 전에 내가 먼저 주워 먹었을 터! 개죽보다 못한 보리죽을 예사로 먹지 않았던가. 서럽다, 굶주림이 그렇게 서러웠다. 먹는 것이 그랬으니 얼굴에는 꼬질꼬질 때가 묻었고……. 빗대어 잘 먹고 못 먹는 것 그까짓 것 한 끗 차이라고들 하겠지만, 전혀 그렇지 않다. 하늘과 땅 차이다!

그런데 돼지나 닭에는 잘 달려들지 않는 특별한 놈이 소에 기생하니 우리는 그 동물을 '가분나리' 또는 '가분지'라 불렀다. 바로 피를 빠는 '흡혈吸血 진드기'로, 영어로는 'tick'이라고 한다. 아무튼 소가 풀밭에 풀을 뜯고 나면 반드시 온몸에 붙여 오는 것이 바로 이 흡혈진드기다. 흡혈진드기 애벌레의 몸길이는 약 2밀리미터이고, 자란벌레는 10밀리미터나 된다. 머리·가슴·배의 구별이 불분명하며, 더듬이·겹눈·날개가 없고 걷는 다리는 4쌍이다(어린 애벌레는 3쌍임). 구조가 간단한 눈이 1~2쌍 있고, 예리한 입틀구기 口器, stylet 을 가지고 있다. 번식은 암수의 교미를 통해 이루어지고, 알에서 부화하여 애벌레를 거쳐 자란벌레가 되기까지는 약 1개월이 걸린다.

흡혈진드기란 놈은 소에만 달라붙지 않고 내 몸에도 사정 없이 불불 기어오른다. 한두 마리가 아니다. 인해전술이란 말이 떠오를 지경으로, 거미 새끼 풍기듯이 떼거리로 기어오른다. 정확히 말하면 녀석들은 흡혈진드기의 애벌레로, 풀줄기의 맨 끝에 붙어 있다가 내 바짓가랑이가 닿은 순간을 놓치지 않은 것이다. 어린 애벌레는 대략 높이 30센티미터 이하의 풀잎 끝부분에 붙어 있다가 소나 사람 등의 사냥감이 풀잎을 스쳐 지나가는 순간에 잽싸게 좌르르 들러붙는다. 흡혈진드기는 '할러기관Hallersches Organ'이라고 하는 특수 감각기관이 발달해 있어서 접근해 오는 사람이나 동물 몸에서 발산되는 암모니아, 이산화탄소 같은 물질을 감지하여 즉각적으로 반응하는 것으로 알려져 있다. 녀석들이 잘 달라붙는 곳은 수소牛의 귀, 넓적다리, 사타구니, 겨드랑이 등이고, 불알에도 즐겨 찾는다. 마침내 적합한 장소를 찾으면 주둥이를 동물의 피부에 박아 넣는다. 그들은 피부를 뚫고 들어갈 수 있는 특수한 주둥이를 가지고 있는데, 주둥이 주변에는 일단 사냥감의 피부에 머리를 박으면 되빠져나오지 않도록 작살 닮은 갈고리harpoon-like hook가 있다. 그런데 흡혈진드기가 사람을 물어도 대략 처음 15분 가량은 아무런 통증을 못 느낀다. 찔릴 때 따끔하다는 느낌조차 없는데, 이것은 모기도 마찬가지다. 사람이나 소에 처음 달라붙는 흡혈진드기의 애벌레는 아주 납작하고 길이가 고작 0.5밀리미터가 채 못 되는 것이 빈대를 닮았다. 우리나라 것은 어떤지 몰라도 유럽의 진드기들은 뇌막염을 일으키는 바이러스를 보균하고 있어 예방 접종까지 한다고 한다.

흡혈진드기 암놈의 몸은 단단하면서도 신축성이 뛰어나서 이것이 눌러 붙어 최대한 피를 빨면 체중이 평상시에 비해 무려 200배로 늘어난다. 납작한 것이 코딱지보다 작았던 흡혈진드기 는 피를 한껏 빨아들이면, 크기에서 모양까지 아주까리^{피마자} 열매를 그대로 닮았다. 며칠 잡아 주지 않으면 소의 몸에 아주 까리 씨가 더덕더덕 열린다! 이렇게 한껏 피를 빤 암놈은 저절 로 소 몸에서 떨어져 땅바닥에 알을 낳고 죽는 것이 원칙이지만 우리는 그 전에 잡아낸다. 소의 적혈구가 가득 든, 한가득 잡은 놈들을 어떻게 처리한단 말인가. 기껏 잡은 흡혈진드기 놈들을, 역시 우리처럼 배고파 허덕이는 내 친구 닭에게 고기반찬으로 진상進上한다.

자연 상태에서 이들의 애벌레는 들쥐, 고슴도치 같은 작은 포유동물에 달라붙어 몇 주 동안 자라다가 허물을 벗고 자란벌 레가 된다. 경우에 따라서는 새나 파충류, 양서류의 피도 빨아 먹는다고 한다. 보통 3천 개의 알을 낳으며, 그것들이 부화하여 애벌레가 된다. 흡혈진드기는 길게는 열흘 넘게 사냥감에 달라붙어 피를 빨아 대는데 배가 **빵빵**하게 터질듯 불러야 나가떨어진다고 한다. 작고 어린 녀석이 덩치 큰 어른에게 끈질기게 달려드는 모습을 보고 "고놈 꼭 가분나리 같다."라고 말한다. 그런가 하면 싫다는 사람에게 자꾸 덤비는 사람을 비유하여 "진드기 들어붙듯 한다." 하고, 하찮은 사람을 깔보지 말라는 의미로 "진드기 황소 뿔 잘라 먹는다."라고도 한다. 그렇구나! 황소에 진드기가 붙는다는 생물학적 사실을 마지막 속담이 알려 주는구나!

응애

응애는 진드기와 마찬가지로 절지동물 거미강의 진드기목에 들고, 몸길이가 1~2밀리미터에 지나지 않는 아주 소형으로 동식물체 모두에 기생한다. 그런데 기생하지 않고 흙이나 물속에서 자유생활自由生活, free-living 하는 것도 있으며, 곰팡이 무리를 먹고 사는 놈도 있다. 사막·툰드라·고산·동굴·온천·바다 밑 등 이것들이 살지 않는 곳이 없는데, 무척추동물 중에서도 가장 다양하고 복잡하여 사뭇 성공한 무리에 든다. 응애 무리는 흙 속의 토양미생물과 선충류와 함께 가장 개체수가 많은 생물 중의 하나이다. 생명력이 끈질긴 응애는 4억 년 전부터 지금까지 생명을 이어 오고 있다고 말한다.

응애라는 이름은 본래 사과나무나 배나무에 기생하는 '사과응애'를 말하는데, 어떤 종은 전적으로 식물에만 기생하며, 어떤 종은 동물들과 복잡한 기생 관계를 맺고 있다. 또 일부는 직간접적으로 인간에게 해로운 동물을 잡아먹어 생활에 유익한 것도 있는가 하면 농작물이나 가축에 기생하여 직접 경제적 손해를 끼치기도 한다. 현재까지 약 4만 5,000종을 명명命名하여 논문에 기재하였지만 앞으로도 끊임없이 새로운 종이 발견될 것으로 보인다. 알려져서 이름을 붙인 것은 실제 알려지지 않은 것의 5퍼센트에 지나지 않는다고 하는데, 이는 얼마나 많은 종이 미확인상태에 있는가를 말해 준다. 하여 동물 중에서도 연구할 일이 많이 남아 있는 미개척분야 중의 하나다.

진드기와 응애는 머리·가슴·배의 구별이 불분명하고 더듬이·겹눈·날개가 없으며 걷는 다리가 4쌍인(어린 애벌레는 3쌍임) 점에는 같으나, 진드기는 구조가 간단한 눈이 1~2쌍 있는데 비해 대부분의 응애는 이 눈이 없다는 점이 다르다. 이처럼 언뜻 보아 큰 차이가 없기에 응애도 진드기로 뭉뚱그려 취급하기도 한다.

응애는 꿀벌에 기생하는 종만 해도 수백 가지가 된다고 한다. 사람과 직접 관계있는 응애는 살갗의 털구멍 모낭 毛囊에 사는 놈follicle mite, 그보다 더 잘 알려진 것으로는 집먼지진드기

house dust mite, 옴itch mite 등이 있다. 여기에서 'mite'를 '진드기'로 번역하여 쓰고 있는데, 이는 영어의 'tick'과 'mite'를 모두 '진드기'로 번역한 탓이다. 정확하게 말하면 집먼지진드기는 '집먼지응애'가 맞다. 이 집먼지진드기에 대해 조금 더 자세히 이야기해 보자. 이놈은 사람이 사는 곳이면 어디나 따라 사는 거미 무리로, 주로 사람의 살갗에서 쉼 없이 떨어져 나가는 죽은 세포인 때(각질 또는 비늘)를 먹고 소화시켜 아주 작은 입자의 배설물을 내놓는다. 이불 속 따뜻하고 습기가 알맞은 곳이 이들의 천국이다! 물론 그것들을 잡아먹는 생물도 있을뿐더러 직사광선을 쬐면 배겨내지 못하고 죽고 만다. 섭씨 60도 이상에서 1시간만 지나면 죽으며, 얼리면 곧장 죽고, 상대습도가 50퍼센트 이하인 마른 환경에서도 쉽게 죽고 만다. 알고 보면 아주 연약한 절지동물이다! 녀석들이 천식喘息, asthma의 주범이 된다는 것은 다 알고 있을 것이다. 집먼지진드기는 아주 작아서 돋보기로 겨우 보일 정도인데, 검은 종이 같은 것을 놓고 보면 더 잘 보인다. 몸길이는 대략 0.5밀리미터이고 몸의 폭은 그 반 정도다. 전체적으로 보면 몸이 둥그스름하고 반들반들하게 광택을 내는 흰색이며, 다리는 다른 응애와 마찬가지로 4쌍이다. 이것들은 하도 가벼워서 바람기가 조금만 있어도 먼지처럼 날려 간다.

수컷은 수명이 20~30일에 지나지 않지만 짝짓기를 한 암놈은 70일을 넘게 살면서 60~100개의 알을 낳는다. 어떻게 하면 우리의 잠자리에서 이놈들의 수를 줄일 수 있을 것인가. 한 마리도 없이 말끔하게 없앨 수는 없는 법이고……. 자주 환기를 하여 습도를 낮추고, 이불, 요, 베개는 햇볕에 널어 말려서 죽이는 것이 가장 좋은 방법이다. 베개 하면 떠오르는 것이 고침단명高枕短命이라고, 높은 베개를 베면 오래 살지 못한다고 하던가. 이렇든 저렇든 잘 지내다가 느닷없이 자는 잠에 죽어야 할 터인데……. 주변 사람들이야 생때같은 사람이 갑자기 죽었다고 아쉬워하겠지만 말이다. 죽음 복도 타고난다던데……. 일언지하에 떠나는 뒷모습이 아름다워야 한다! "아름다운 사람은 머물다 간 자리도 아름답다."라고 휴게소 화장실에도 썼더라! 치매니 뇌졸중, 식물인간 따위의 말만 들어도 소름 끼친다.

평균하여 하루에 한 사람의 몸에서 줄곧 죽어 떨어져 나가는 살갗세포는 약 1.5그램(1년 평균 0.3~0.45킬로그램)이 되며 그것은 집먼지진드기 100만 마리가 먹고도 남는 양이라 한다. 그리고 사람의 살갗세포 말고도 먼지를 들입다 먹어 치우거나 밀가루를 특히 좋아하는 놈도 있다고 한다. 다종다양한 것이 생물의 특징이니 그럴 만도 하지.

다시 간단히 정리를 하면, 진드기는 주로 동물에 기생하고, 응애는 진드기 닮은 놈으로 동식물에 기생하는데 둘 다 거미와 가까운 동물이다. 바로 이어 나올 진딧물은 식물에 기생하며 매미와 가까운 동물이다.

진딧물

진딧물은 곤충강 매미목 진딧물과에 속하며, 전 세계에 4,700종이나 있다고 한다. 몸길이는 2~4밀리미터로 소형이며, 몸빛은 아주 다양하다. 우리나라에는 200여 종이 서식한다. 같은 종일지라도 계절이나 세대에 따라 겉모습이 다른 경우도 있고, 또 날개가 있거나 없는 때도 있어서 바깥차림 외양 外樣으로 종을 분류하는 것은 쉬운 일이 아니다.

진딧물은 8개의 배마디 중에서 제5배마디와 제6배마디 등판 양옆으로 몸을 보호하는 뿔 모양의 돌기가 두 개가 나 있으니 이를 '뿔관 body-tube, cornicle'이라 부른다. 뿔관은 원기둥, 사다리, 고리 모양 등 여러 꼴이며, 진딧물 중에는 숫제 뿔관이 없는 것도 있다. 뿔관에서 분비되는 끈끈한 액체와 많은 밀랍 wax은 포식자의 주둥이를 부자유스럽게 만들어서 잡아먹힘을 면한다. 이 멋진 무기는 관심을 갖고 잘 들여다보면 육안으로도 볼 수 있지만 돋보기로 보아야 더 확실하게 보인다. 이런 특이한 방어무기는 진딧물만이 갖는 것이다.

대부분의 진딧물은 되지못하게 풀과 나무의 줄기, 새싹, 잎에 달라붙어 식물의 즙을 빨아먹으므로 해충이다. 게다가 식물에 바이러스를 매개하여 이중으로 해를 끼치는 경우도 많다. 씨감자를 고랭지에서 재배하는 이유는 무엇일까? 기온이 낮은 그곳은 진딧물이 비교적 적고, 그러므로 이들이 옮기는 바이러스 병을 피할 수 있어 좋다.

진딧물은 다른 곤충들과는 아주 다른 특이한 발생 방법을 가지고 있다. 따뜻한 봄과 더운 여름(환경이 아주 좋은 계절)에는 오직 암놈만 존재한다. 전형적인 처녀생식處女生殖을 하니, 2n 상태 배수성倍數性, diploid의 암컷은 2n 상태인 알을 낳고 그것이 수정 않고 직접 발생을 하여 암컷이 되고……. 수정 않은 미수정란이 발생하는 이런 생식을 처녀생식, 또는 단위생식單爲生殖이라 한다. 그런데 한 가지 더 괴이한 것은, 암컷의 미수정란이 난소소관ovariole에서 부화하여 새끼가 되어 태어난다는 것이다. 세상에, 이럴 수가. 곤충이, 진딧물이 새끼를 낳아!? 논우렁이나 살모사면 몰라도. 다시 말하면 봄여름에는 진딧물은 모두 배수성인 암컷이고, 그것들이 알을 낳지 않고 새끼를 낳는 난태생을 한다. 결국 수컷이 태어나지 않고 암컷만 생기는데다가, 다 자란 새끼를 낳아 대니 이래저래 진딧물은 기하급수로 늘어 간다. 뛰어나고 내로라하는 처녀생식과 난태생 작전인 것이다!

진딧물은 20~40여 일을 살고 죽지만 그 증식속도는 엄청나다. 몇 세대를 이렇게 되풀이해 번식하므로 숙주식물의 잎이나 줄기, 가지가 온통 진딧물로 덮이게 된다. 물론 나무나 풀은 죽을 맛이다. 떼거리로 달려들어 피를 쪽쪽 빨아먹어 대니 말이다. 한데 여기에 기상천외奇想天外한 일이 또 생겨나니, 잎이나 줄기에 진딧물이 너무 많아 먹이가 부족타 싶으면 갑자기 날개 돋친 암컷이 생겨나서 멀리 날아 다른 곳으로 분산하게 된다. 원래 날개가 있는 것은 수컷 진딧물이요 봄여름은 수놈이 생기지 않는 철인데, 놀랍게도 수컷 아닌 암컷이 날개를 만들어 달고……. 정말 신묘하고 기이한 일이다. 그렇다. 장미나무의 잎줄기에 틈새가 보이지 않을 만큼 진딧물이 달라붙어 있어, 손으로 훑어 싹 다 잡았는데도 다음 날 역시 엉뚱하게 날개 달린 놈들이 여러 마리가 붙어 있다. 이놈들은 멀리서 날아든 암놈 진딧물로, 봄 진딧물에 설사 날개가 달렸더라도 수놈으로 여기지 말 것이다. 가을이 되어야 날개 달린 수컷이 생겨나는 것이니 말이다. 헷갈린다, 헷갈려!

일조시간이 짧아지면서 기온까지 내려가 삽상颯爽한 가을바람이 분다. 우리는 그 바람을 상쾌한 바람으로 여겨 즐긴다. 한편 진딧물들은 살을 에는 고추바람이 불 것임을 곧장 알아차린다. 이런 좋지 못한 조건에 접어들면 날개를 가진 수컷 진딧물이 생겨난다. 불가사의한 일이 아닐 수 없다. 왜, 어떻게 갑자기 수놈이 출현한단 말인가? 누가 그 까닭을 알아낼까. 알아내면 당연히 세상에서 큰상인 노벨상은 그 사람 몫이다! 암컷(2n)이 염색체의 수가 반으로 주는 감수분열을 하여서 n 상태 단수성 單數性, haploid의 알을 만드는데 그중에서 어떤 얄팍한 알이 별안간 수컷이 되고(그러므로 수컷은 단수성인 n 상태임), 그것이 정자(n)를 만들어서 알(n)과 수정하여 2n 상태의 수정란이 된다. 이 알은 힘겨운 겨울 추위를 견뎌 이기는 힘을 가진 살팍한 겨울알 월동란 越冬卵이다. 겨울나기를 하고 다음 해 따뜻한 3월 하순에서 4월 상순 사이에 부화한다. 난태생을 하는 봄여름 때와 달리 난생을 한다. 이렇게 부화한 것들은 모두 암컷이 된다. 어떤 진딧물은 환경이 좋으면 41세대나 처녀생식을 한다고 한다. 암놈 한 마리가 이론적으로 봄에서 가을까지 새끼를 무려 1.5×10^{27}마리나 늘린다는 계산이 나온다! 1×10^8이 1억인데 1.5×10^{27}은 어찌 읽어야 할지 난감하다.

진딧물은 온대 지방 원산의 곤충으로서 온대 지방에서만 완전한 생활환 life cycle을 볼 수 있고, 열대 지방에서는 단위생식으로만 번식한다. 그리고 온실 같은 좋은 환경에 두면 역시 무성생식인 단위생식을 쉬지 않고 계속한다. 단위생식으로 태어난 유생은 며칠만 지나면 자란벌레가 되어 생식을 시작하니, 진딧물의 발생과 생식의 효율성은 알아줘야 한다. 개체수를 늘리는 데 특이한 재주를 지녔다 하겠다. 그만큼 다른 동물한테 많이 잡아먹힌다는 말도 될 것이다. 왜냐하면 그 많은 새끼가 생겨나도 진딧물의 수는 그리 큰 변화가 없으니 말이다.

진딧물은 일반적으로 정해진 제 짝 식물에 기생하는 (monophagous) 특징을 가지고 있다. 장미에 기생하는 진딧물은 언제나 장미나무에만 빌붙어 산다! 진딧물은 아주 예리하게 발달한 입틀을 가지고 있어서 잎이나 줄기에서 물이나 양분이 지나가는, 꽤나 딱딱하고 질긴 물관과 체관을 푹푹 찔러 구멍을 낸다. 식물의 즙이 이들 관다발을 지나면서 압력을 갖기에 일단 구멍만 내놓으면 빨 필요도 없이 액즙이 술술 흘러나온다. 모기가 우리의 가녀린 모세혈관을 찔러만 놓아도 피가 거침없이 펑펑 솟아오르는 것도 마찬가지다. 모세혈관에도 혈압이 있으니 말이다. 우리가 다쳤을 때 피가 줄줄 흘러나오는 것과도 다르지 않다. 앞서 말했듯이 진딧물은 이렇게 식물 즙을 빨면서 식물바이러스를 옮기는 수도 있다. 진딧물의 먹이인 식물 즙액 속에 탄수화물은 넘쳐 나므로 진딧물은 여분의 당분 감로 甘露을 배설물로 배출한다. 이 배설물을 먹으려고 작은 개미나 파리들이 사방에 꼬이고, 잎에 떨어진 배설물 honeydew 에 그을음병균이 발생하여 잎을 새까맣게 더럽혀 놓는다.

진딧물의 천적은 대표적으로 무당벌레의 애벌레이며 꽃등에나 풀잠자리들도 진딧물을 먹는다. 그런데 개미 중에는 진딧물과 어엿하고 멋진 공생관계를 맺는 놈이 있다. 진딧물의 천적이 진딧물을 못 잡아먹게 진딧물을 보호하고(무당벌레 애벌레나 풀잠자리들은 개미가 얼쩡거리니 지레 겁먹고 얼씬하지도 못함), 겨울에는 진딧물 새끼들을 땅속으로 옮겨 주기도 한다. 사실 꼬마 진딧물은 단백질 덩어리라 개미가 잡아먹으면 고소한 것이 맛도 일품일 터인데도……. 개미와 진딧물의 이런 관계를 두고 흔히 "개미가 농사를 짓는다."라고 한다. 긴긴 세월 그들은 그렇게 관계를 맺으며 함께 진화하면서 살아왔기에, 개미는 진딧물을 먹잇감으로 여기지 않게 길들여진 것이다. 다른 말로 그들은 유전자의 명령에 따라 열심히 살 뿐이다! 거참, 재미나는 세상이로다! 게다가 더 사람을 놀라게 하는 것이 있으니, 여러 종류의 진딧물의 몸속에 세균을 가지고 있어서 그 세균들이 기본 아미노산을 합성하여 식물의 즙(주로 탄수화물임)만 먹는 진딧물에서 부족하기 쉬운 아미노산을 보충해 준다고 한다. 이것저것들이 얽히고설키지 않은 것이 없으매 감칠맛 나는 말 한마디("독불장군 없다.")가 실감 나는 장면이다.

여담으로 몇 마디 더 한다. 해마다 나는 고추 300여 포기를 심고 가꾸어 풋고추에 김장 고추는 물론이고 가을엔 끝고추에 고춧잎도 갈무리한다. 5월 5일경 종묘장에서 모종을 소독해서 내놓기에 보통 처음엔 별 탈이 없다(약을 치지 않으면 물론 나중엔 백발백중 탄저병 몸살을 앓음). 가끔, 아니 자주 진딧물과 노린재가 일찌감치 나타나 고추를 괴롭힌다. 아침저녁으로 고추골을 따라 살금살금 걸으면서 개미의 동정을 살핀다. 혹시라도 고춧대에 개미 몇 마리가 오르락내리락하면 눈을 크게 뜬다. 아니나 다를까, 거기엔 이미 진딧물이 들끓기 시작했다. 일이 커지기 전에 당장 그 자리에만 화학탄을 쏘아 버린다. 이렇게 숨어 있는 생물의 관계를 알면 경제적이고 편리하다!

흙에 사는 세균

　해부현미경으로 흙을 들여다보면 흙 알갱이들이 잔돌과 그보다 조금 큰 돌멩이처럼 보인다. 물과 공기가 그 알갱이들 사이를 채우고 있으며, 사이사이에 유기물도 들어 있고, 세균·선충·원생동물·효모·곰팡이·버섯의 균사菌絲, hyphae들이 그 속에서 진陣을 치고 살고 있다.

　일례로 흙바닥에 바나나 껍질을 던져두면 곧바로 지렁이가 와서 먹는 게 아니다. 세균이나 곰팡이, 원생동물들이 얼마간 분해한 다음에서야 지렁이가 먹는다. 세상에 독불장군이 없다. 흙 속의 모든 것들이 서로 도우며 산다는 의미다. 자연은 외눈으로 봐선 안되고 모두를 두루 아울러 볼 줄 알아야 한다. 큰 소나무 하나가 숲을 이루지 못한다는 것을 알지 않는가. 흙에 나무, 잡풀, 고사리는 물론이고 이제부터 이야기할 미생물들도 있어야 숲이 우거진다.

학문의 한 영역에 '토양생물학 Soil Biology'이란 것이 있다. 토양생물학은 흙 그 자체에 관한 연구는 물론이고 거기에 살아가는 생물을 다룬다. 토양생물 가운데서도 먼저 토양세균 이야기를 해 보자. 지렁이 똥이 그렇듯이, 토양 속 세균은 식물의 보약이다. 메마른 모래흙에는 지렁이가 살지 못하듯 세균도 둘레에 나타나지 않는다. 건흙에는 내다 버린 물건인 유기물遺棄物이자 먹을거리인 유기물有機物이 그득 들었지만 모래흙에는 그것이 없기 때문이다.

정녕 고맙구나! 세균이여

세균을 영어로는 '박테리아 bacteria'라고 하는데, 그것은 복수일 때 일컫는 말이고 단수는 '박테리움 bacterium'이다. 세균을 형태에 따라 나누면 둥근 구형球形, 길쭉한 막대기 모양의 간상형桿狀形, 그리고 꼬불꼬불한 나선형螺旋形 등이 있다. 세균은 단세포이면서 핵이 없는 원핵생물이며, 번식 속도가 아주 빨라서 아주 좋은 조건에선 평균 9.8분이면 두 배로 늘어난다. 토양 1그램에 4,000만 마리, 민물 1밀리리터에 100마리가 살고 있으며, 지구에 있는 세균을 모두 헤아리면 5×10^{30}마리나 된다고 한다. 그리고 우리 몸(주로 살갗이나 창자 안)에 있는 것만도 우리 몸 세포(약 100조 개)의 약 10배가 된다. 그것들이 거의 대부분 우리에게 유익한 것들이라는 것은 모두가 다 안다.

토양세균은 단세포 單細胞, one-celled, unicellular로 보통 1마이크로미터 1마이크로미터는 1,000분의 1밀리미터에 지나지 않으나 대신 개체수가 많아서 찻숟가락 하나 분량의 흙 속에는 최소한 1~10억 마리의 세균이 산다. 150평(약 495.87제곱미터)에 암소 두 마리 무게에 해당하는 세균이 사는 셈이다. 감히 상상도 못할 일이 아닌가. 150평의 땅바닥에 암소 두 마리를 잡아 펼쳐 놓은 것만큼 거기에 세균들이 득실거린다!? 작은 고추가 맵다고 했던가? 작다고 얕보지 말라, 세균들은 숫자로 말한다. 말 그대로 인해전술이다.

말이 나왔으니 말이지 인해전술이라면 솔잎도 지지 않는다. 솔잎은 침엽 針葉으로 가늘고 좁지만 2, 3, 5개씩 뭉쳐나기에 그것들의 표면적을 계산하면 활엽 闊葉보다 더 넓다. 소나무 밑에 떨어지는 물의 양이 참나무 밑에 떨어지는 양에 비해 훨씬 적다. 빗물이 소나무 잎에서 더 많이 증발하여 그렇다. 나는 매일 늦은 오후면 춘천의 동쪽에 있는 애막골 산등성이를 약 한 시간 가까이 걷는다. 십여 년이 넘게 비가 오나 바람이 부나 계속하고 있다. 그런데 그 산길에서 바로 침엽과 활엽의 증발 차이를 본다. 비가 적게 온 오후에 소나무가 우거진 산길에는 물기가 없는데 신갈나무 같은 참나무가 드리우고 있는 길은 빗물에 젖어 있다. 이 나무들이 교대로 나 있는 곳에는 재미나게도 젖은 길 마른 길이 번갈아 나타난다. 보통 사람들이 생각하기에는 그 반대이지만, 나는 이론이 아닌 실험(증명)을 하는 기분에 우쭐해 진다. 이론이 빈말이 아니라는 것을 확인하고 '그럼 그렇지!' 하고 무릎을 치는 것이다. 물론 비가 많이 왔을 경우에는 큰 차이가 없음은 말할 필요도 없다.

　　다시 세균 얘기로 돌아가자. 대부분의 세균들은 분해자로서 낙엽이나 죽은 식물체 등의 유기물을 분해한다. 쉽게 말해서 썩힘의 역할을 하는 것이다. 아무리 더러운 찌꺼기나 배설물, 사체死體까지도 세균들의 손길이 닿으면 말끔하고 깨끗하게 헤침, 해짐이 일어난다. 세균은 자연의 청소부다. 제초제나 살충제, 오염물질 역시도 토양세균들이 분해한다. 정녕 고마운 세균들이 아닌가!

　　토양세균을 말하면서 빼놓을 수 없는 것이 또 있다. 주로 토양세균이나 곰팡이에서 항생제抗生劑, antibiotics를 얻는다는 사실! 여느 생물이나 자기 몸을 방어하고 상대를 공격하는 물질을 다 몸(세포)에 지니고 있다. 세균이나 곰팡이가 자기 몸을 방어하고 다른 생물을 공격하는 물질을 역으로 이용한 것이 항생제다. 이이제이以夷制夷라, 오랑캐로 오랑캐를 무찌른다는 말이 아닌가. 이처럼 세균이나 곰팡이가 분비하는 물질로 그놈들을 되레 죽이는 것이 항생제의 원리다.

공생하는 뿌리혹박테리아

토양세균 중에는 식물과 공생하는 세균도 있다. 주로 콩과 식물의 뿌리에 사는 뿌리혹박테리아根瘤細菌가 대표적이다. 콩과 식물은 참 다양하다. 콩, 팥 무리에 토끼풀, 자운영과 같은 풀과 칡, 등, 자귀나무, 오리나무, 아까시나무, 싸리나무들이 죄다 여기에 속한다. 이들은 모두 멋들어진 진화를 한 식물들로, 질소가 적은 땅에서도 너끈히 생존하게 되었다. 이들 세균(뿌리혹박테리아)은 저들 식물(콩과 식물)이 있어야 하고, 또 저들 식물은 이들 세균이 있어야만 하게 되었으니, 무슨 이런 인연이 있단 말인가! 잠깐 머물다 가는 인생, 맺은 인연들을 귀하게 여기며 살지어다. 오른손과 왼손이 늘 친하게 지내어 언제나 감사의 기도를! 암튼 뿌리에 들어온 뿌리혹박테리아는 콩과 식물인 숙주식물에서 받은 영양분(당분)으로 살아가면서 공기 중의 질소(식물은 이것을 바로 이용하지 못함)를 고정하여 그것을 숙주에 제공하므로(드디어 이용함) 서로 이익을 주고받으면서 살아간다.

좀 더 구체적으로 이들 두 생물 사이에서 일어나는 서로 주고받기give and take를 보자. 콩과 식물의 뿌리털(단세포임)은 세균을 불러들이기 위해서 가느다란 실 필라멘트, filament 을 뻗어서 그 끝에다 세균의 필라멘트가 들어올 수 있는 작은 구멍 문, gate 을 내어 둔다. 그것을 당장 알아차린 뿌리혹박테리아는 역시 가는 실, 즉 균사를 뿌리털근모 根毛 의 구멍 안으로 뻗어 넣는다. 이를 융합fusion 이라 하는데, 일단 세균이 구멍 안으로 들어오고 나면 전광석화와 같이 재빨리 문을 철썩 닫아 버린다.

그런데 숙주와 세균 사이에는 서로 알리고 알아내는, 그들만 아는 신호물질(주로 단백질이나 당 성분)이 있어서, 정해진 식물에는 짝꿍 세균만이 들어가 사는 종특이성種特異性, species-specific 이 있다. 식물 종류에 따라 세균의 계통이 다르고, 다른 식물에는 전혀 기생하지 못한다. 다시 말해 식물에 따라서 공생하는 세균이 다 다르다는 것이니, 땅콩에 사는 놈과 싸리나무에 사는 놈이 같지 않다는 말이다. 바로 이런 것을 두고 '우주 같은 인연'이라 하는 것이리라!

일단 식물 뿌리에 들어가 자리를 잡은 세균은 재빠르게 번식해서 뿌리가 부풀어 혹이 만들어진다. 이것이 뿌리혹근류 根瘤 이라는 것으로, 세균들의 집인 셈이다. 세균은 뿌리에서 받은 전자電子, electron 를 써서 공기 중의 유리 질소를 붙잡고, 니트로게나아제nitrogenase 라는 효소로 그 질소를 식물이 바로 쓸 수 있는 무기질산염(NO_3^-)이나 암모늄(NH_4^+)으로 전환(환원)시키니 이

것이 질소고정 nitrogen fixation 이다. 이런 엄청난 일은 오직 질소고
정균만이 수행할 수 있다. 사람들은 비싼 돈(에너지)을 들여 이
들의 흉내를 내고 있으니 이것이 비료 공장에서 만들어 내는 질
소비료다. 그리고 보면 이들 세균은 정말 유별난 힘을 가졌다고
하겠다. 이렇게 식물과 세균이 '함께살이'를 하니 서로가 없이
는 절대로 못산다. 서로 없이 못사는 뿌리혹박테리아와 콩과 식
물과의 관계가 바로 금실 琴瑟 좋은 부부의 모습이 아니겠는가.

그런데 머리 좋은 사람들이 뿌리혹박테리아가 가지고 있
는 이 '질소고정 유전인자'를 떡하니 벼나 보리, 밀 등의 곡식에
집어넣어서 스스로 질소를 고정하는(질소비료가 필요 없는) 식물
만들기를 시도하고 있다. 비료를 안 줘도 쑥쑥 잘 자라는 곡식
이 나올 것이라고 생각하면 경악을 금치 못하겠다. 과학자라는
이름을 가진 그 사람들이 절대로 예서 그칠 사람들이 아니라
그렇다.

뿌리혹박테리아를 강조하다 보니 다른 토양세균들의 역할
이 희석될까 걱정스럽다. 그 밖의 식물과 토양세균들도 끈끈한
연을 맺고 살아간다. 밭의 흙을 봐도 곡식의 뿌리가 뻗어 있는
근방(rhizosphere)에 훨씬 많은 토양세균들이 낀다. 뿌리가 미치
지 않는 곳보다 약 40퍼센트 이상 세균이 더 많다고 한다. 토양
세균은 흙 알갱이 사이를 채워서 물의 이동의 돕고, 유기물을

분해하여 양분을 공급한다. 또 다른 유해세균이나 곰팡이의 번식을 억제하고 뿌리가 무기양분을 잘 흡수토록 돕는다. 세균이 도움을 주기만 하는 것은 아니다. 세균은 뿌리 주위를 둘러싸고 있으면서 식물의 뿌리가 분비하는 물질(세균을 '보호 또는 성장하게 하는 물질')의 도움을 받는다. 뿌리와 세균, 세균과 뿌리야말로 떼려야 뗄 수 없는 관계로다. 땅이 걸어야(유기물이 많아야) 세균이 번성하고, 그래야 식물이 잘 자라는 까닭을 알았을 것이다. 퇴비는 단순히 식물에 양분을 공급하는 것만이 아니라 전반적인 토양생태계를 건강하게 하는 것. '토양'이라고 하면 '흙' 그 자체를 생각하기 쉬우나, 거기에 들어 있는 비료성분에다 토양생물들도 묶어 함께 생각해야 흙이 제대로 보인다!

흙냄새의 비밀 – 방선균

호미로 밭을 매거나 가을이 되어 콩 줄기나 고춧대를 뽑을 때 야릇한 흙냄새가 전신을 감싼다. 냉이 냄새인 듯 인삼 냄새인 듯……. 나도 모르게 코를 가까이 갖다 대고 흑흑! 냄새를 맡는다. 토향土香이 곧 토기土氣로 그것을 많이 맡으면 맡을수록 생기를 얻게 된다! 펄펄 날듯 푹푹 솟는 기운 말이다.

그런데 과연 그 토향土香이라는 것은 무엇이며 어디서 오는 것일까? 그것이 다름 아닌 토양세균들이 부리는 아리따운

기술이라면 독자 여러분은 믿겠는가? 그중에서도 방선균 放線菌 무리가 주인공이다. 그렇다. 흙냄새의 정체는 지오스민 geosmin 이라는 물질인데, 이것을 만드는 세균이 바로 토양세균의 하나인 방선균, 특히 스트렙토미세스 *Streptomyces* 무리이다. 참고로 방선균에는 대표적으로 병원성 없는 포자 胞子, spore 를 형성하는 세균인 스트렙토미세스 *Streptomyces* 무리와 포자를 이루지 않고 곰팡이의 균사를 형성하는 병원성 세균인 액티노마이세스 *Actinomyces* 무리가 있다. 특히 스트렙토미세스 그리세우스 *S. griseus*에서는 스트렙토마이신을, 스트렙토미세스 아우레오파시엔스 *S. aureofacien*에서는 클로로테트라시클린(상품명은 오레오마이신)을 얻는다. 방선균 무리들은 잘 녹지 않는 펙틴 pectin 이나 키틴 chitin, 섬유소 들을 분해하여 건땅을 만드는 데 도움을 주기도 한다.

    흐흐흐! 허파를 파고드는 지오스민! 아, 구수한 흙냄새다! 손끝에 살갑게 느껴지는 보드라운 흙의 감촉은 물론이고, 남다르게 훅훅 풍기는 지오스민 향을 맡게 해 주는 밭 흙에 무한한 고마움과 찬사를 보내노라. 지오스민 향은 인삼의 사포닌 saponin 냄새를 빼닮았다. 인삼 이야기가 나와서 하는 말인데, 그것의 주성분인 사포닌을 분해하는 것도 사람이 만드는 소화효소가 아닌 내장에 사는 세균이라고 한다. 세균 덕에 몸에 흡수가 되는 것이다. 우리나라 사람 약 37.5퍼센트는 아무리 인삼을 먹어도 효과를 볼 수가 없다고 하는데 그 이유인즉슨 장내腸內 미생물에 의한 사포닌 분해 정도가 사람마다 다 다르기 때문이라고 한다. 참 묘한 일이 다 있다! 미생물의 기능이 얼마나 다양한지 알았을 것이다.

한편 지오스민은 물에 사는 남조류시안세균, cyanobacteria 가 죽을 때도 분비된다. 그래서 이 세균이 집단적으로 죽으면 지오스민이 대량으로 생겨 물맛이 이상해진다. 또 붕어나 잉어 등과 같은 민물고기에서 나는 흙내도 이들 세균이 만드는 지오스민 탓이다. 그런데 지오스민은 산성에서 쉽게 파괴되기에 민물고기의 살에 식초를 뿌리면 해감내가 사라진다. 한편 건조한 날에 불현듯 소나기가 쏟아부은 다음에 풍기는 특유한 흙냄새도 흙에 있던 지오스민이 증발한 때문이다. 흙에서 나는 모든 냄새가 그것 탓이다. 하여튼 살포시 풍겨 오는 흙내가 딴 게 아닌 토양 세균이 내는 냄새라고 했다!

부패(분해)에 없어서는 안되는 것은 물론이고 김치에서 치즈, 요구르트까지 발효식품을 만드는 주인공들이 세균이 아닌가. 어디 그뿐인가, 내 죽으면 단박에 흙으로 바꿔 줄 고마운 세균들이다! 왜 갑자기 만해 한용운 선생의 「나의 길」한 구절이 떠오르는 것일까! "…… 나의 길은 이 세상에 둘밖에 없습니다.

하나는 임의 품에 안기는 길입니다. 그렇지 아니하면 죽음 품에 안기는 길입니다……." 한때 그리워했던, 못 다한 사랑을 보듬고 가야 할 낯선 죽음이 어느새 내 곁에 오고 있구나. 저승에 계신 어머니는 잠깐 사이에 늙어 버린 볼품없는 내 몰골을 알아보시기나 하실까.

흙 속의 분해자

길섶 후미진 곳에 여태 없던 버섯들이 별안간 떼거리로 움솟아 버섯밭을 이룬다. 가까이 다가가 눈여겨 들여다보면 아연俄然 그 매력에 홀딱 반해 아연啞然할 따름이다. 와아, 어쩌면 저 예쁜 버섯이 저렇게도……. 현란한 색깔로 올망졸망 흩뿌려져 있는 것이 '숲의 요정'이란 말이 딱 맞다. 이놈들은 오래 머물지 않고 한나절 있다가 사라져 버리니 그래서 더더욱 아름다운 건지 모른다. 버섯은 동물도 식물도 아니다. 생물을 모아 놓고 끼리끼리 묶어 보면 동물, 식물, 균류, 원생생물, 원핵생물로 나뉘는데, 의당 버섯은 균류에 든다. 뭉뚱그려 말하면 버섯이 곰팡이고 곰팡이가 버섯이다. 낯짝의 버짐, 발가락 사이의 무좀, 이불이나 책갈피에 피는 곰팡이나 가을 송이松栮가 다 한통속이라는 말이다.

걷고 달리는 뒷산 등성이 길섶에서는 철따라 바뀌는 여러

160

동식물을 만나서 좋다. 산행을 처음 시작한 사람을 제외하곤 대부분 우측통행을 하는 것도 재미난 현상이다. 숲에는 푸나무가 단연 주인이고 거기에 청설모, 어치, 휘파람새 들이 나를 반긴다. 그리고 한여름이 지날 무렵, 길가에는 여태 보이지 않았던 버섯들이 홀연히! 옹기종기 어여쁜 자태를 뽐내며 넓은 밭을 이뤄 피어나기 시작한다. 아연실색啞然失色! 장관이 따로 없다. 그러면서 "숲은 큰 나무 하나로 이뤄지지 않는다."라는 말을 실감한다.

숲의 생태계도 역시 생산자, 소비자, 분해자 세 요소가 아우러져 있는 것이다. 그중의 어느 하나가 없으면 생태계가 이뤄지지 않는다. 생산자는 녹색식물을, 소비자는 그것을 먹고 사는 사람을 포함한 동물을 말하는 것은 주지의 사실이다. 생산자와 소비자는 생자필멸生者必滅, 태어나서 언젠가는 죽고 만다. 분해자가 똥오줌이나 핏덩이, 주검들을 분해하지 않는다면 어떤 일이 일어나겠는가?! 아찔하다! 분해자들, 즉 우리가 하등하다고 부르는 세균과 곰팡이가 그 일을 담당한다. 예사로 볼 존재가 아니다. 아무튼 썩은 물질들은 모두 거름이 되어 식물의 광합성에 쓰이고, 그들이 만든 양분을 동물이 먹고, 동식물의 노폐물이나 사체를 분해자들이 분해(발효나 부패)를 한다. 그리하여 돌고 도는 물질순환이 일어나게 된다.

균류는 동식물에 거의 맞먹는 자리에 놓이는 큰 그룹의 생물이다. 균류에는 곰팡이와 버섯, 효모가 들어간다. 효모는 단세포로 균사를 만들지 않지만 나머지 것은 빠짐없이 균사를 만들어 내는 것이 특징이다. 현미경으로나 관찰할 수 있는 균사는 기다란 실 모양이다. 우리가 보고 먹는 버섯도 눈에 안 보이는 수많은 균사가 덩어리를 지은 것이다. 소화할 수 없는 딱딱한 무기물을 생물들이 쓸 수 있는 유기물로 바꾸는 분해자로, 토양 균류는 토양세균에 못지않게 중요한 구실을 한다. 그래서 보통 '분해자는 세균과 균류'라고 하는 것이다. 세균과 곰팡이 무리가 많이 살지 않는 흙은 단연코 흙이 아니다. 거름, 퇴비가 듬뿍 든 토양은 그들이 살기 좋은 세상이요, 그들이 곡식을 튼튼하게 자라게 해 준다! 흙이나 정情이나 다 메말라서는 안된다. 훈훈하고 풋풋한 흙이 되리라. 헐후歇后하게 하는 말이 아니다, 아무것이나 대뜸 썩혀 버리는 흙을 닮으리라! 참고로 미생물이 자신이 가지고 있는 효소를 이용해 유기물을 분해시키는 과정을 발효, 부패라고 한다. 발효반응과 부패반응은 비슷한 과정에 의해 진행된다. 분해 결과 우리의 생활에 유용하게 사용되는 물질이 만들어지면 '발효'라 하고, 악취가 나거나 유해한 물질이 만들어지면 '부패'라고 한다. 미생물들은 그게 그거라고 하는데 이기적인 인간들은 둘이 다르다고 뻑뻑 우긴다. 아무쪼록 무르

익은 발효인간으로 남아야 하는데…….

첫째, 균류는 일부 세균과 마찬가지로 분해자다. 죽은 동식물을 분해하면서 이산화탄소와 유기산 有機酸, organic acid 을 만들면서 그때 나오는 에너지를 이용하여 번식한다. 나무에 들어 있는 목질 성분인 리그닌 lignin 은 물론이고 섬유소들에 들어 있는 탄소 고리를 잘게 잘라 버리니 이를 '분해'라고 하는 것. 감히 어느 생물이 이 부수기 어려운 목질 성분들을 갈가리 찢어 놓는단 말인가. 굼벵이도 구르는 재주가 있다지? 세균이나 곰팡이들이 중금속 같은 공해물질을 분해하는 것은 불문가지 不問可知다.

둘째, 균류는 세균과 마찬가지로 식물의 뿌리 주변에 모여들어서 식물에서 탄소나 단백질 성분을 얻고 대신 흙에 녹아 있는 인산·질소성분·미량원소·물의 흡수를 돕는다. 균사와 식물의 뿌리털은 흙 알갱이들을 칭칭 감아서 땅을 부스러지지 않게 하고, 더불어 통기성을 증가시킨다. 그리하여 흙에 물이 쉽게 잘 스며들게 하는 침수성 浸水性과 흙이 물을 잔뜩 붙잡고 있는 보수력 保水力을 높여 준다. 균사들이 가는 뿌리 모양으로 엉키면서 식물과 일종의 공생을 하는 것이다. 균류 중에는 뿌리 밖에서 사는 것이 많지만, 풀이나 나무의 뿌리 세포 안에 살면서 서로 돕는 것도 있다.

셋째, 균류 중에는 식물의 뿌리를 다치게 하는 해로운 균류가 있다. 물론 식물에 해를 미치는 선충류나 곤충에 기생하여 그것들을 죽여 간접적으로 농사에 이득을 주는 균류도 있다. 어쨌거나 우리가 밟고 다니는 저 흙바닥이나 논밭의 토양, 저 드넓은 숲의 흙 속의 생물 세계가 그리 간단치 않다. 흙이나 두엄에 피는 곰팡이도 있지만, 여름 장마에 벽지를 얼룩덜룩 시커멓게 변하게 하고 책장을 삭게 하는 것도 곰팡이요, 발가락 사이에서 사는 무좀과 머리에 덕지덕지 붙어 있는 비듬 또한 곰팡이가 아닌가. 귀 안에서 진물을 내게 하는 진균眞菌이라는 것도 이것의 일종이다. 무궁무진한 곰팡이들의 세계다!

그런데 버섯은 배설물이나 사체를 치우기보다는 주로 죽은 나무나 풀을 썩정이로 만든다. 마당가에 쌓아 둔 두엄더미를 녹여낸다거나 저절로 떨어진 삭정이나 죽은 나무의 쓰러진 둥치를 먹어 들어가는 것이 버섯 무리로, 이것들이 없이는 산야를 청소할 수가 없다. 애써 일하는 미화원이 있기에 지나는 길이 번듯하듯이 '숲의 청소부' 버섯 덕에 숲은 말끔하기만 하다. 어쨌거나 썩어 문드러지는 것은 진정 좋은 것! 인간이 쏟아 내는 똥오줌이나 죽은 시체가 온통 썩지 않고 길바닥에 흐드러지게 널려 나뒹군다면 어쩔 뻔했나? 고맙다 곰아, 균아. 부탁한다, 내 죽으면 잘 썩혀다오! 알겠지?

버섯, 우리가 먹는 균사덩어리

버섯은 포자로 번식한다. 금년에 떨어진 포자가 내년이면 그 자리에서 균사를 내어서 새 버섯이 태어낸다. 그 비싼 송이도 나는 곳에만 난다. 그래서 송이가 나는 자리는 자식들에게도 알려 주지 않는다고 하던가. 그런데 포자를 땅바닥이나 나뭇가지가 아닌 곤충 몸뚱이에 뿌려 버리는 것이 있으니 동충하초 冬蟲夏草라는 버섯이다. 가을이 되면 일생을 마감한 벌이나 노린재, 거품벌레 등의 사체가 풀 속에 널브러져 있다. 물론 살아 있는 나방이의 애벌레인 송충이나 번데기에도 포자를 뿌린다. 참고로 우리나라에서 채집되는 동충하초는 약 20여 종이 된다고 한다. 곤충의 외골격은 주성분이 키틴chitin질로 아주 딱딱한 편이다. 여기에다 포자를 흩뿌리면, 포자는 효소를 분비하여 껍질을 녹이고 몸 안으로 파고든다. 그런 다음 몸 구석구석에 균사를 뻗어 살을 속속들이 먹어 치운다. 가을, 겨울에는 겉으로 보아 이들 곤충은 아직 멀쩡해 보인다. 동충 冬蟲인 셈이다. 그러나 다음 해 여름에는 껍질을 뚫고 풀줄기 닮은 자루가 올라오니 하초 夏草가 된다. 그래도 아직 껍질은 그대로 남아 있으니 아래는 벌레요, 위는 버섯이 피어 있다. 예로 벌동충하초와 노린재동충하초는 줄기나 머리 꼴이 다르니 둘은 다른 종이다.

요새는 누에와 같은 곤충에 일부러 동충하초 포자를 심어서 단백질 먹은 버섯을 키우기에 이르렀다. 그렇다면 다음과 같은 일도 가능하지 않겠나 하는 생각이 든다. 가끔 세계 곳곳에 메뚜기(실은 풀무치 무리임) 떼가 기승을 부려서 곡식을 다 먹어 치운다는 기사를 읽는다. 동충하초 포자를 모아 뒀다가 놈들이 몰려올 때 확 흩어 버린다. 풀무치도 때려잡고 한약재(동충하초)도 얻는 일석이조요 일거양득이다. 버섯 하나도 예사로운 생물이 아니로다. 아무튼 동충하초는 티베트에 자생하는 것이 제일 약효가 있다고 한다. 동충하초가 어디에 어떻게 좋은가는 논하지 않겠다. 불로불사不老不死의 약은 세상에 없더라.

버섯은 땅에도 살지만 많은 무리가 나무에 산다. 그래서 버섯은 나무를 썩히는 분해자로 중요한 자리를 차지한다. 죽은 나무에 꽃처럼 피어나 목질부의 섬유소를 분해하여 먹고 사니 '고목枯木의 꽃'이라고나 할까. 죽은 나무의 썩힘은 버섯이 도맡아 한다. 버섯 하면 여름철, 그것도 비가 잦은 후텁지근한 장마철을 떠올리게 된다. 습도가 높아야 버섯이 힘차게 성장한다는 말이다. 버섯의 종류에 따라 차이는 있으나 일반적으로 균사가 발육하는 데는 섭씨 20~30도가 아주 좋고, 공중습도 65~80퍼센트가 적당하다고 한다. 덥고 눅눅한 날을 즐기는 버섯! 내가 매일 가는 산책길, 길섶 후진 곳에 어제 없던 버섯들이 밤새 떼 지어, 군락을 이룬 버섯밭들이 생겨났으니 그것들이 길 가는 사람의 눈을 끈다. 모양도 가지가지요 색깔도, 크기도 다 다르다.

버섯이 포자로 번식한다고 했는데, 버섯의 포자와 식물의 씨앗은 전연 다른 성질을 가지고 있다. 버섯 포자는 어둡고 눅눅한 곳에서 싹을 틔운다. 포자에서 가느다란 실이 뻗어 나니 이를 균사라 하고, 균사가 접합하여 덩어리를 지어 겉흙을 밀고 올라오니 이것이 버섯이다. 때문에 버섯을 먹는다는 것은 곧 균사를 먹는 것이요, 결국 곰팡이를 먹는 셈이다. 버섯이 균사 덩어리였다니! 식용하는 석이, 느타리, 송이 등 어느 하나 곰팡이가 아닌 것이 없다. 우리가 곰팡이를 먹는다? 그 좋은 송이, 영지靈芝가 곰팡이였다고? 그건 그렇고, 버섯이 유성생식인 짝짓기를 해? 그렇다. 균사 둘이 합쳐져서 하나가 되고, 균사가 번식을 하기 위해서 죽은 나무나 풀을 분해하여 거기에서 양분(에너지)을 얻어야 한다. 그것이 바로 썩힘인 것이다.

버섯의 생김새는 모두 다르지만, 일반적으로 갓과 자루로 이루어져 있고, 자루 아래에 주머니가 있다. 갓 아래에는 부챗살 닮은 주름살이 수많이 짜개져 있으니 그 속에 포자를 만들어 담는다. 갓은 둥그스름하게 생겨서 흙을 밀고 올라올 때 흙의 저항을 줄이는 데 도움이 된다. 쉽게 쑥! 밀고 올라오기 위해 그런 꼴을 하게 되었다니, 오묘한 섭리라 하지 않을 수 없다. 게다가 올라올 때는 갓이 오그라져 있고, 올라와서는 좍 펴지다니! 올해 버섯이 있었던 자리에 이듬해에도 그 이듬해에도 반드시 그 자리에 그 버섯이 나는 것은 거기에다 포자를 떨어뜨려 놓기에 그렇다. 버섯이 나는 자리가 정해져 있다는 말이다. 여하튼 사람이나 버섯이나 남겨 놓는 것은 오직 유전인자뿐. 대(代)를 이어 가기에 죽어도 죽는 것이 아니다.

버섯은 눈에도 안 보이는 작은 포자로 번식한다고 했는데, 과연 버섯 하나가 얼마나 많은 포자를 만들까. 싸리버섯류에 속하는 큰국수버섯은 무려 700억 개를 만든다고 한다(세상에! 그 포자를 일일이 헤아리는 사람도 있다!?). 손으로 갓을 건드리면 연기 같은 것이 푹! 푹! 솟아 흩날린다. 그 연기는 이를테면 '포자구름'인 것이다. 사람이 한 번 사정에 3억~5억 마리의 정자를 쏟아 내는데, 그중의 오직 한 개가 난자와 수정한다. 마찬가지로 이 많은 버섯 포자가 모두 버섯이 될 수 없다. 만일 그랬다면 온통 버섯으로 덮인 '버섯세상'이 되고 말았을 것이다. 게다가 버섯이 갓을 올망졸망 땅바닥 위에다 올려놓는 뜻은, 아마도 사람이나 동물이 지나가면서 툭툭 차 주길 바라서일 것이다. 하여 가능한 멀리멀리 자손을 분산시키고 싶어 한다. 어떡하든 제 세상을 만들어 버리고 싶어 하는 것이 여느 생물들의 본능이다. 그런데 어째서, 왜 우리나라 사람들은 아기를 적게 낳으려고들

하는 것일까? 자연법칙에 역행해서는 결코 좋은 결과를 얻지 못하나니……. 순천자順天子 흥興이요 역천자逆天子 망亡이라! DNA를 남겨야 영생한다는 것을 또 한 번 힘주어 말한다.

그렇다면 버섯의 성장 속도는 얼마나 될까. 흙 밑에서 균사들이 덩어리를 짓고 있을 땐 우리가 눈으로 보지 못한다. 그러나 때가 되면 흙을 둘러쓴 머리(갓)를 밀고 나온다. 이것을 유균幼菌이라 하는데, 성장 속도가 빠른 망태버섯 같은 것은 겨우 서너 시간 만에 다 자라 버린다고 한다. 우후죽순雨後竹筍이라고 비 온 뒤에 죽순 크듯 한다더니, 버섯 또한 다르지 않구나. '우후雨後 버섯!' 그런데 묘한 것은 어느 생물이든 발육이 빠르면 단명하고 거꾸로 발육이 더디면 오래 산다는 것이다. 인간도 예외일 수 없다. 조숙早熟이 결국엔 조로早老·조사早死를 초래한다는 것은 자연법칙이다. 사람은 성인이 되기 전 기간인 어린이 시절이 무척 긴 편에 들며, 그래서 꽤나 오래 사는 동물에 속한다. 거참, 알다가도 모를 일이다.

버섯은 남한에 1,550여 종이, 북한에 400여 종이 채집, 기록되고 있으니, 한반도에 사는 버섯은 어림잡아 2,000여 종이 된다고 추정해도 큰 잘못은 없을 것이다. 야생하는 버섯 중에서 30~40퍼센트가 식용이 가능한데도 독성에 대한 무서움이 하도 강하게 각인되어 있어 버섯만 보면 겁먹어 나도 눈길을 피한다.

버섯은 일반적으로 물이 약 90퍼센트, 탄수화물이 약 5퍼센트, 단백질이 약 3퍼센트, 지방 약 1퍼센트고 나머지 약 1퍼센트는 무기물질과 비타민이다. 바로 이 무기질이 어떤 것이냐에 따라서 독버섯이 되고, 약버섯(영지·상황)이 된다. "못 먹는 버섯은 삼월부터 난다."라고, 독버섯이 되레 일찍부터 온 사방 나댄다. 산에 갔다가 버섯을 따다 끓여 먹고 곤혹을 치른다(열을 가해도 독이 파괴되지 않음). 독버섯에 든 무스카린muscarine, 무시몰 mucimol 의 성분이 신경계는 물론이고 간이나 콩팥까지 망가뜨려 놓는다. 그러나 호오好惡 를 떠나서 버섯은 지구 생태계에서 분해자의 몫을 톡톡히 한다. 애초에 사람은 없어도 아무 탈이 없지만(아니, 없음이 되레 좋지!) 버섯이 없으면 큰 사달사고나 탈 이 난다. 실로 독버섯만도 못한 머저리들이 꼴사납게도 지구의 주인인 양 까불고 설친다. 나와 너 말이다. 우리는 '어머니 지구'를 위해 뭘 했는가?

　내남없이 우리가 먹는 버섯이나 채소, 곡식은 그중에서 가장 독이 적은 것을 골라서 먹는 것이다. 고사리나 토란줄기 같은 것도 꽤 많은 독이 들었기에 데치고 우려서 먹지 않던가. 그런데 독버섯이거나 말거나 상관 않고 잘도 뜯어 먹는 동물이 있다. 버섯을 키우는 사람들을 가장 화 북받치게 하는 놈으로 바로 민달팽이slug 무리들이다. 비 오는 날 산에 오르면 어른 가운

뎃손가락보다 굵고 긴 놈이 땅바닥에서 불불 기어가는 것을 볼 것이다. 이놈이 산민달팽이다. 닥치는 대로 버섯을 먹어 치우고도 황천길을 가지 않는 아니꼬운 녀석으로, 이놈들에게는 앞에서 말한 독성분이 문제가 되지 않는다. 독성분을 분해하는 물질을 제 몸에 가지고 있기에 그렇다. 공교롭게도 나에게 독 되는 것이 너에게는 약 되는구나!

반딧불이같이 빛을 내는 버섯도 있다. 화경버섯과 받침애주름버섯이 그러한데 여름과 가을에 밤나무·참나무와 같은 활엽수의 고목에서 다발로 겹쳐 발생한다. 밤에는 주름 부분에서 환하게 빛이 비친다고 하니 여러 사람들이 헛것 보게 했을 것이다. 아마도 이 빛을 귀신불로 헛보고 혼절도 했을 것이고, 공동묘지 주변을 지나다 뼈다귀가 내뿜는 인광燐光에도 혼쭐났을 것이다. 화경버섯은 밤에 달月빛을 낸다고 하여 '달버섯'이라고도 한다는데, 이름만 들어도 빛을 내는 버섯이라는 느낌이 든다. 버섯에 따라서 푸른색, 누른색 등 빛깔도 아주 다양하며, 특히 열대 지방의 것들은 더 센 빛을 낸다고 한다. 또 화경버섯은, 옛날에 죄인에게 내리는 사약이 바로 이것이었다는 설이 있다. 보나마나 피를 토하고, 심한 고통을 당하면서 죽어 갔을 터인데, 최근에는 이 버섯에서 항암물질을 추출한다고 한다. 언제나 어느 물질이나 다 양날의 검劍 같아서 선약단약仙藥丹藥이 되기도 하고 생명을 앗아가는 독이 되기도 한다.

어쨌거나 버섯은 다른 생물이 갖지 못한 특유한 영양성분을 가진 덕에 당당하게 음식으로 대접을 받는다. 금보다 비싼 송이야 논외로 치고도 느타리·목이·양송이·싸리버섯·표고·팽나무버섯(팽이버섯)·능이 등이 식탁에 자주 올라 우리의 건강을 지킨다. 이것들 대부분은 야생인 것을 가져다 밭에서 키운 것임을 알자. 서양에서 꼽는 3대 진미의 재료는 거위 간, 철갑상어 알 그리고 트뤼프truffle이다. '서양송로'라고도 부르는 트뤼프는 잘 훈련된 돼지를 이용하여 땅속에 묻힌 것을 찾아낸다고 하는데, 서양이나 동양이나 버섯에 대한 관심이 다르지 않다. 고대 그리스와 로마인들은 버섯의 맛을 '신神의 식품'이라고 극찬하였다고 하며, 중국인들은 '불로장수의 영약'으로 여겨 왔다고 한다.

약용버섯도 꽤나 다양한데, 영지만 해도 우리 집 뒷산 언덕에서도 해마다 몇 개씩 건지는 것이다. 영지는 옛날부터 길조吉兆의 상징·영약靈藥·성약聖藥으로 취급받아서 신초神草·선초仙草·불사초不死草로 불렸다. 진시황이 신선술사神仙術士 노생盧生을 시켜 불로불사의 약을 찾게 하여, 멀리 우리나라와 일본까지 가서 구했다는 것이 사실은 영지였다는 얘기가 있을 정도다. 게다가 십장생十長生에는 해·산·물·돌·구름(또는 달)·

소나무·거북·학·사슴과 함께 불로초不老草라 하여 영지가 들어간다.

발효의 주인공들

균류에는 곰팡이와 버섯, 효모가 있다고 했다. 효모는 단세포로 몸의 일부를 싹 틔우듯 하는 출아법出芽法으로 번식하는 특성이 있다. 사람들아, 술 없이 못사는 당신들아, 이 효모님에게 절해야 한다. 술이라는 술은 죄다 이 효모가 만든 것이니 하는 말이다. 알코올 발효를 하여 술을 만들어 주는 효모도 균류의 일종으로 곰팡나 버섯의 사촌이다.

사실 이렇게 이야기하면 서운해 할 생물이 있다. '누룩곰팡이green mold' 말이다. 밀이나 찐 콩 따위를 굵게 갈아 반죽하여 덩이를 만들어 띄운 것이 누룩인데, 바로 여기에 여러 종류의 누룩곰팡이가 생긴다. 누룩에는 누룩곰팡이 말고도 효모가 번식한다. 쌀을 쓿어서 지에밥을 지은 다음 술 단지에 넣어 물을 적당히 붓고, 누룩 가루를 버무려 따뜻한 곳(누룩곰팡이는 섭씨 37도에서 가장 잘 번식함)에 둔다. 며칠 지나면 단지의 내용물이 잦아들기 시작하는데 그때 국물 맛을 보면 달착지근하다. 제일 먼저 누룩곰팡이 무리들이 쌀의 녹말을 엿당을 거쳐 포도당까지 소화(분해)시킨 탓이다. 다음에는 차례를 기다렸던 효모가 단박에 달려들어 포도당($C_6H_{12}O_6$)을 에틸알코올(C_2H_5OH)로 분해한다. 이것을 알코올발효 alcohol fermentation라 한다. 보라! n개의 $C_6H_{10}O_5$가 결합한 아주 복잡한 녹말이 아주 간단한 포도당이 되고, 그보다 훨씬 더 간단한 에틸알코올이 된다. 탄소(C)가 6개인 포도당에서 탄소가 2개인 농익은 술이 되었다! 하여 포도당도 그렇지만 술은 소화가 더 이상 필요가 없는 물질로, 몸에 곧바로 흡수되어 세포에 들어가 에너지를 낸다. 나아가 이 술에 초산균 醋酸菌이 달라붙어 식초를 만들어 내니 이를 초산발효라 한다.

암튼 밥이 술을 거쳐 식초에 이르는 데 두 번의 소용돌이 (발효)가 있더라. "캄캄한 밤은 낮의 어머니요 추운 겨울은 봄을 낳는다."라고 하듯이 으레 발효를 하는 데도 들끓음, 뒤집힘, 혼합과 화합, 찢어짐과 나뉨(분해)이라는 아픔이 있었다.

술에 대한 이야기는 여기서 그만하지만, '부작용이 없는 음식'인 술은 모두가 균류가 빚은 것이로다! 누룩곰팡이와 효모들이 말이다. 먹기 수월한 것은 두말할 나위가 없고 소화효소가 필요 없어(소화에 필요한 에너지가 들지 않아) 거저먹는 음식이 술이다! 얼굴이 불콰해지면서 기분 좋고 몸에도 좋은 바쿠스 Bacchus!

최근에 읽은 글에 따르면 흙(환경)에 따라서 토양세균과 토양균류의 비比가 다르다고 한다. 초원이나 농토와 같이 토양 환경이 제법 '안정된 토양'에서는 세균이 우점優點하고, 아주 생산적인 흙에는 그들의 비가 1:1이고, 낙엽이 쌓인 활엽수림 에는 오히려 균류가 세균보다 5~10배 많고, 소나무 숲과 같은 침엽수림에는 균류가 100~1,000배나 많아서 세균들이 맥을 못 춘다고 한다. 분해해야 할 유기물이 많은 곳에는 균류가 더 많 이 번성한다는 말이다. 그리고 세균이 많은 곳에는 원생동물이 많고, 세균이 균류보다 많은 흙에는 세균을 먹고 사는 선충류가 더 많다고 한다. 그리고 균류가 많은 곳일수록 지렁이와 토양절 지동물이 많아진다. 만일에 이런 토양생물이 안정되게 사는 곳 에 제초제나 살충제를 뿌리면 어떻게 될까? 애꿎게도 토양생물 의 서식환경이 심하게 교란당하게 된다는 것은 의심할 여지가 없다. 고요한 아침에 날벼락, 흙이 원자탄을 맞는다!

흙에 사는 원생동물

생물을 아주 크게 뭉뚱그려 둘로 딱 잘라 나누면, 세포 안에 핵이 제대로 없는 원핵생물原核生物과 핵이 뚜렷하게 있는 진핵생물眞核生物로 나눈다. 원핵생물에는 지금까지 이야기한 것들 가운데 세균이 대표적이고, 진핵생물에는 지금 이야기하려고 하는 원생동물과 그것보다 훨씬 진화한 균류, 식물, 동물들이 속한다. 핵막이 없는 원핵생물이 핵막이 또렷이 있는 진핵생물에 비해 하등한 것은 사실이다. 대략 원핵생물 → 원생동물 → 균류 → 식물 → 동물의 순서로 발달하였다고 보면 된다. 물론 '발달'과 '덜 발달'은 사람의 입장에서 말하는 것이고, 토양생태계에서는 그것이 아무런 의미가 없다. 어느 것이나 제가 담당한 것을 제대로 해내고 있으니 소홀히 취급할 수 없다는 말이다. 필요도 없이 세상에 태어난 것은 아무 것도 없나니! 독자 여러분은 마땅히 지구에 태어나 제 몫을 다하고 있다고 생각하는가. 혹시나 제 잇속만 챙기고 있지는 않는지. 잘못하면 토양속의 미천한 생물보다 못한 존재라는 이야기가 되고 만다. 어찌 됐건 체면치레나 겉치레는 해야 할 터! 우리는 지구의 피를 빨고, 살을 파먹고 사는지라 하는 소리다.

세균이 그렇듯이 원생동물 또한 한 개의 세포로 이루어진 단세포생물이다. 원생동물 하면 독자 여러분은 아메바나 짚신벌레를 떠올릴 것이다. 그것들은 모두 물에 살면서 세포가 둘로 갈리는 방식이분법으로 주로 번식한다. '단세포적 사고'라거나 '이분법적 논리'라는 말은 바로 이 하등한 동물들에 비유한 표현이라고 하겠다.

토양원생동물 soil protozoa 은 섬모 纖毛, cilia 충류, 편모 鞭毛, flagella 충류, 아메바 amoeba 무리로 나뉜다. 이놈들은 저보다 작은 세균을 먹을 뿐만 아니라 다른 원생동물에다 유기물, 일부 균류까지도 먹이로 삼는다. 원생동물이나 선형동물은 질소성분 함유량이 항상 세균에 비해 3분의 1~10분의 1 정도다. 그래서 이놈들은 세균을 통해 질소를 공급받으며 여분의 질소성분을 암모늄(NH_4^+) 상태로 내보내어 식물들이 쉽게 흡수할 수 있도록 한다. 다시 말하면 흙에 사는 원생동물과 선형동물들이 세균을 잡아먹고 암모늄을 내놓기에, 이들의 도움으로 식물들이 질소 공급을 받는다는 것이다. 일언지하에 식물의 뿌리 주변에는 세균, 원생동물, 선충류 따위가 진陣을 치고 있음을 알았을 것이다. 흙 속의 신비 가운데 겨우 일부가 알려져 있음을 아쉽게 여기지 않을 수 없다.

원생동물은 세균이 있어야 살 수 있고 또 물이 있어야 이동할 수 있다. 그래서 흙의 수분량에 따라 어떤 원생동물이 살 수 있는가가 결정난다. 원생동물 또한 척박한 땅에서보다 건땅에 많다. 찻숟가락 하나 정도의 흙에 수천 마리에서 백만 마리까지 차이를 보인다. 균류가 많은 흙에는 아메바와 섬모충류가, 세균이 우세한 땅에는 편모충류가 우점한다. 다 알다시피 정해진 장소에서 한 생물이 차지하는 면적이 넓고 개체수가 많으면 그 생물을 우점종優占種, dominant species이라 한다. 그리고 점토에는 작은 원생동물들이, 거친 흙에는 크기가 큰 편모충류가 많이 서식한다. 만물이 다 제자리가 있다더니만 흙의 성질에 따라 미생물들의 삶에 차이를 보인다.

앞서 말했듯이 토양원생동물은 주로 토양세균을 잡아먹고 산다. 아니, 무슨 이런 일이? 두 녀석이 모두 세포 하나로 된 것들이 아닌가. 그 작은 녀석들이 서로 먹고 먹힌다고? 해괴하고 어이없는 일이지만 실로 그러하다. 원생동물의 크기는 약 5~500마이크로미터로, 세균(약 1마이크로미터 크기)에 비한다면 몇 배로 몸집이 크다. 거참, 그것도 덩치라고. 도토리 키 재기가 아닌가, 기껏해야 눈에도 안 보이는 것들이. '덩치'라고 하지만 모두 고배율현미경이라야 보이는 놈들이다. 저 흙 속에서도 미물들끼리 티격태격 싸우면서 포식·피식이 일어난다니 선뜻 감이 잡히지 않는다. 거기도 큰 녀석이 작은 녀석을 잡아먹는 약육강식, 정글 법칙이 있더라? 어디서나 힘을 키워야 한다. 개인이나 국가나 힘, 힘센 놈이 세상을 지배한다. 원, 세상에. 정녕 평화로운 곳이 지구 위에는 없어라! '이승은 지옥'이란 말이 실감 난다.

한편 어떤 아메바 무리는 세균이 아닌 균류를 먹고 산다. 아메바가 일단 균류의 균사에 달라붙은 다음 소화액을 분비하여 균사에 똥그란 구멍(물론 현미경적인 크기임)을 뚫고 그 안에 들어 있는 세포질을 빨아먹는다고 한다. 이놈들의 덩치를 확대하여 보면 고등동물들이 하는 짓과 하나도 다르지 않다. 미생물들의 세계와 고등생물의 그것이 다르지 않다는 말씀. 그러나 아직도 연구가 영 덜 된 세계가 바로 흙의 세상이다. 흙 세상도 호락호락하게 볼 곳이 아니다. 복잡다단하게 얽히고설킨 토양 생태계!

살지 않는 곳이 없는 선형동물

　목숨이 길어 올해로 '인생 칠십 고래희 人生七十古來稀'라는 고희가 된다. 수많은 지인知人과 지음知音들이 앞서 저승으로 갔건만 난 아직도 죽지 않고 심장이 뛰고 허파가 들썩거린다니……. 하긴 얼마 전에도 급성췌장염으로 죽을 고비를 넘겼다. 극통極痛으로 입원하여 물도 못 먹는 '절대금식'으로 쫄쫄 굶은 다음 여드레 만에야 물을 마시고, 아흐레 만에 나온 미음을 와락 안아 붙들고 눈물을 흘리는 나! 그 눈물은 이제 살았다는 안도감이었던가? 쥐어짜고 비트는 그 아픔을 겪으면서 사는 게 뭔지 생각할수록 가슴이 저려 온다. 참으로 질긴 생명력을 발휘하는 나다!

　어찌하였던 나도 대학생일 때가 있었다니 믿기질 않는구나. 때는 1962년, 대학 3학년 동물분류학 시간이었다. 강의 주제는 선형동물! 작고하신 최기철崔基哲 은사님 담당과목이다.

180

선생님의 강의는 대학 안에서도 이름났었으니……. 한결같이 느슨하게 팔짱을 끼시고는 온 사방 한 사람 한 사람 고개 돌려 눈길을 주시면서, 차근차근 입담 좋게 풀어 가시는 수업은 정말 뛰어나셨다. 선생님의 명강의를 명품名品, 절품絕品이라 표현하면 잘못일까? 호사무견제虎師無犬弟라, 범 스승 밑에 개 제자 없다더라! 내 입으로 이야기하기가 좀 쑥스럽고 민망하지만, 다들 내 강의도 선생님을 본받아 들을 만하다고들……. '그 선생에 그 제자'란 말이 있지 않는가. 그렇고말고, 스승 없는 제자 없다. 아무렴, 교육의 질은 교사의 질을 넘지 못한다! 훌륭한 선생이 많은 나라가 번성하는 까닭이 거기에 있었다. 아, 곡진한 사랑이 듬뿍 묻어 있는 '스승의 말씀'을 한껏 전하지 못한 후회가 뼈에 사무치고 뇌리에 물레방아처럼 뱅글거리도다. "자, 다른 별에 사는 우주인들이 지구에 왔다. 이미 지구의 생물은 모두 다 죽어 버리고 오직 선형동물만 살아남았다고 치자. 우주인들이 이 강의실에 들어왔다. 내가 서 있는 자리와 여러분이 앉아 있는 곳에 선충들이 우글거리고 있으니(왜냐하면 그때는 다들 회충이나 요충, 편충, 십이지장충, 동양모양선충 같은 선형동물인 기생충을 보유했으니까), 여기에 교수가 있었고, 학생 몇 명이 강의를 들었는지 짐작할 수가 있다. 그리고 교정 어느 자리에 어느 나무가 서 있었는지도(왜냐하면 나무에 따라 선충이 다르니까) 알 수 있다. 한마디로 이승은 선충들의 세상이다."라고, 선생님께서 일갈 一喝 하셨던 기억이 생생하다. 얼마나 멋있는 비유를 하셨던지 학생들 모두 고개를 끄덕였고, 나도 선생님의 말씀 하나 빼지 않고 고대로 제자들에게 쭉~ 전해 왔다. 선생님은 망백 望百, 백百을 바라본다는 뜻으로, 나이 아흔한 살을 이르는 말 을 넘겨 아흔셋에 세상을 떠나셨다.

스승은 떠나도 제자는 남는 법! 생로병사 生老病死 라, 정녕 죽어야 하는 것일까? 사설 師說, 스승의 논설 을 논하다 보니 사설 私說, 개인의 의견 이 길었나 보다. 딱딱한 생물 이야기보다 사담 私談 이 더 재미날 수도 있으니…….

세상은 선충의 것

선형동물 가운데 토양에서 사는 것들을 토양선충 土壤線蟲, soil nematoda 이라고 한다. 한 줌의 흙에는 수천 마리의 토양선충이 들어 있다. 대략 표토 1에이커에 수십 억 마리가 득실거린다. 흙에 포함된 선충류의 개체수를 알면 저절로 흙의 걸기와 같은 토양환경을 짐작할 수 있다. 놈들이 많으면 많을수록 땅은 비옥하다는 말씀! 녀석들의 보통 길이가 0.3밀리미터 정도라고 하니 육안으로도 잘 보면 보인다. 사람은 보통 0.1밀리미터 크기까지 볼 수 있기 때문이다.

썩은 사과 하나에 눈에 보이지 않는 선충이 9만여 마리나 우글거린다고 하니 단연 이 세상은 선충의 것이다! 흙 속의 소우주! 선충 하면 먼저 기생충을 떠올리지만, 선충이 언제나 나쁘지는 않다. 해로운 세균이나 균류, 원생동물을 잡아먹을뿐더러 지렁이의 먹이가 되어 주니 말이다. 아무튼 그들은 더불어 사는 미덕을 안다. 필요 없는 생물은 이승에 태어나지 않는다.

선충은 흙에만 살지 않는다. 곤충·식물·동물에 기생하는 놈들이 있는가 하면, 흙·강·바다, 또 남북극·열대·한대·산꼭대기 등, 살지 않는 곳이 없다. 식물이나 조류藻類를 먹는 놈에서 세균이나 균류, 다른 선충류를 잡아먹는 등 식성도 다양하기 그지없다. 현재 이름이 밝혀진 것만도 약 2만 종이나 되고, 다 알려지면 그 수가 5만 종이 넘을 것으로 예상한다. 그 대부분은 기생 생활을 하며, 기생하지 않는 것들은 세균이나 곰팡이, 다른 선충 등을 잡아먹고 산다. 사람 몸에도 여러 종류의 선충이 기생한다. 그렇다! 이렇게 살지 않는 곳이 없는 선충이다! 그런데 앞에서 말했지만, 이 세상에 이들 선충만 살아남고 나머지 생물이 다 죽었다고 치자. 남아 있는 선충만 보고도 생물들이 살았던 흔적을 쉽게 찾을 수가 있다. 놀랍게도 선충의 종류나 양을 보고 여기는 고속도로, 여기는 고속도로 변의 나무, 풀밭, 여기는 강, 언덕, 산, 호수라는 것을 추측한다.

선충은 모두 암수딴몸이다. 즉 암수가 따로 있는데, 보통 암놈이 수놈보다 크다. 그리고 수놈은 끝이 뾰족한 갈고리를 가지고 있으니 그것이 교미기交尾器다. 가장 전형적인 선충의 일종인 회충蛔蟲 역시 암놈이 크고 수컷이 교미기를 가진다. 회충이 배를 후벼 파서 아파 오니 이를 '횟배'라고 하는데, 회충이 덩어리를 지어 창자를 눌러 아프게 하기 때문이다. 녀석들이 떼를 짓는 까닭은 교미를 꾀하기 위함이다. 여기저기 흩어져 있던 작은창자의 회충들이 발동發動하여 한곳으로 떼 지어 몰려오는 모습을 상상해 보시라! 뱀 암수 여러 마리가 교미하느라 덩어리를 짓는 것이나 다르지 않다. 빌붙어 사는 주제에 교미까지 하는 신통방통한 선형동물들! 대개 기생 생활을 하는 생물은 하나같이 생식기가 발달하는 반면에 소화기는 퇴화한다.

고백하건대 나도 아까시나무를 잘라 불법 개간한 밭에 농사를 짓는다. 남이야 어찌하던 애초에 나는 무슨 일이 있어도 농약을 치지 않겠다고 마음먹었다. 그런데 다른 것은 남 흉내 정도는 내는 편인데 대파 농사만은 웬일인지 판판이 실패였다. 완전 젬병으로 몇 해를 실농失農했다. 대파가 조금 자라 빼 먹을 만하면 멀쩡하던 게 갑자기 노랗게 말라 오글쪼글해져 '오가리'가 들어 버리고 만다. "성공한 사람 중에 실패를 경험하지 않은 사람 없다."란 말을 되뇌며 애써 자신을 위로해 보지만…….

지나는 사람들마다 '약'을 뿌리라고 권한다. 농약은 식물체에 직접 뿌리는 것 말고도 씨앗을 심기 전에 밭에다 뿌리는 것이 있다. 거의 모든 밭농사에 이런 살충제殺蟲劑, pesticide를 뿌린다. 바로 식물의 뿌리를 공격하는 선충들을 죽이는 것이다. '에라, 모르겠다.' 하고 씨를 뿌리기 전에 살충제를 사다 눈 딱 감고 뿌려 버렸다. 어찌 그리도 효과를 본담. 아니나 다를까, 통통하고 하얀 가을 대파를 뽑아 김장을 하기에 이르렀다. 그렇다. 농사 짓기에는 잡초, 곤충과의 싸움만 있는 것이 아니다. 이렇게 선충과의 한판 싸움도 힘들게 해야 한다. 그런데 '약'이란 말 때문에 헷갈리지나 않을는지. 앞에서 사람들마다 '약'을 뿌리라고 권한다고 했고, '농약·파리약·모기약'에도 '약' 자가 붙었다. 무엇이, 어떻게, 대체 누구에게 도움이 된다는 말인가? 파리약은 파리를 죽이는 독이고 모기약 또한 모기를 죽이는 독인데, 약이란 말을 쓰니 이상하다는 말이다. '파리독'이나 '모기독'이 맞지 않을까? 이리 말하나 저리 말하나 다 알아듣기는 하지만……

예쁜꼬마선충

토양선충들은 보통 세포 수가 수백 개 또는 천여 개에 지나지 않는다. 몸을 구성하는 세포 수가 적은 것이 특징으로, 그중에서도 크기가 1밀리미터 정도인 예쁜꼬마선충*Caenorhabditis elegans*은 세포수가 총 959개에 불과하다. 이 작고 예쁜 선충은 현대판 '완두'요, '초파리'요, '효모'요, '대장균'인 셈이다. 무슨 말인고 하니, 이 꼬마 생물이 유전학 연구 재료로 주목을 받고 있으니 대장균이나 효모 연구에 버금간다는 뜻이다. 과학자들은 예쁜 꼬마선충이 6개의 염색체와 9,700만 쌍의 염기서열, 1만 9천여 개의 유전자를 가지고 있다는 것을 알아냈다. 이것은 효모 유전자에 비해 3배 정도 많은 수다. 예쁜꼬마선충은 암이나 알츠하이머Alzheimer 등 질병과 노화, 세포 상호관계 등의 연구에 이용되고 있다. 예쁜꼬마선충의 유전자 중 약 40퍼센트가 인간의 것과 닮았으며, 지금까지 알려진 인간 유전자(3만여 개) 가운데 약 75퍼센트를 공유하고 있다고 한다. 참고로 이 사람과 저 사람 즉, 사람끼리는 유전인자의 약 99.9퍼센트가 같다고 한다. 인간의 유전자지도를 완성하더라도 인간을 실험 대상으로 할 수는 없다. 그러나 예쁜꼬마선충의 유전자 중 하나를 파괴해 개체에 일어나는 변화를 살펴보면 인간 유전자의 기능을 추측할 수 있다. 특히 유전자정보를 특허등록해 두면 항생제, 비타민제제 등의 의약품개발을 독점적으로 할 수 있어 한밑천 잡는 것이다. 즉, 엄청난 산업재산권을 확보하게 된다.

소나무선충

선충 하면 세상을 떠들썩하게 했던 소나무선충(소나무재선충)이 떠오를 것이다. 그 소나무선충이 1988년에 부산 금정산에 처음 나타났으니 그 까닭이 재미(?)있다. 부산의 금정동물원이 일본에서 일본원숭이를 들여오면서 원숭이 울 울타리도 같이 가져왔던 모양이다. 그런데 이 울이 바로 소나무선충에 감염된 소나무였던 것이다. 어쨌거나 그 뒤로 17년 동안 남부에 머물던 소나무선충이 느닷없이 전국에 출몰하여 방역 당국을 아연실색하게 하였으나 다행히 요새 와서는 그 피해가 좀 뜸해졌다고 한다.

'재선충'이란 말은 '나무 材에 기생하는 선충 線蟲'이란 말이다. 소나무선충을 흔히 '소나무 에이즈'라고 하는데, 일단 한 번 걸리면 쉽사리 방제가 어려워 붙은 이름이다. 강력한 전염성은 물론이고 소나무에 이놈이 기생하면 치사율이 거의 100퍼센트에 달해, 이대로 가면 50년 안에 우리나라의 모든 소나무가 사라질 것이라는 충격적인 보고가 있을 정도다. 일본은 1905년에 이 병이 발생하여 지금은 홋카이도 北海道를 제외하고는 소나무 숲이 거의 없다시피 되어 버렸다고 하고, 타이완 臺灣도 크게 해를 입었다고 한다. 그래서 일본은 감염지역에서 살아남은 소나무 중에서 꼭 살릴 소나무만 정해서 집중관리를 하고 있다고 한다.

갑충甲蟲, 딱정벌레 무리인 솔수염하늘소는 소나무선충을 옮기는 매개체媒介體, carrier로, 소나무선충은 솔수염하늘소 몸에 묻어서 전파된다. 소나무선충은 솔수염하늘소가 소나무 줄기를 갉아먹을 때 생기는 나무의 상처부위를 통해 소나무에 깊숙이 파고든다. 하여 이들을 통틀어 천공성해충穿孔性害蟲, boring insect이라 부른다. 소나무선충을 없애기 위해서는 먼저 솔수염하늘소를 방제해야 하기에 살충제를 공중살포한다. 일단 소나무선충이 침입하면 소나무 잎은 6일 만에 밑으로 축 처지면서 마르기 시작하여 20일 후에는 시들고, 30일 후에는 나뭇잎이 붉은색으로 변색하면서 말라 죽으니 이를 '적고현상赤故現象'이라 부른다.

소나무선충 암컷의 크기는 0.7~1.0밀리미터이고, 수컷은 암놈보다 조금 작아서 0.6~0.8밀리미터 정도다. 소나무선충은 소나무 줄기 안에 있는 물관과 체관에서 약 35일간 살다 죽는데, 두 마리가 일주일 만에 20만 마리로 늘어난다. 솔수염하늘소가 상처를 낸 곳으로 기어든 소나무선충은 물을 운반하는 물관과 양분을 이동시키는 체관에 떼거리로 들어앉아 관을 틀어막아 버리니 뿌리에서 물이 올라갈 수가 있나, 잎에서 만들어진 양분이 아래로 내려갈 수가 있나. 결국 소나무가 죽는다. 그랬구나! 소나무선충이 관다발을 막아서 소나무가 죽는다. 소나무선충은 절대로 소나무를 먹지 않으며 세균을 먹고 사는 균식성 菌食性으로, 사상균 絲狀菌이 주된 먹잇감이다.

소나무선충은 솔수염하늘소의 숨구멍 기공 氣孔 안으로 기어들고, 솔수염하늘소는 소나무선충을 달고 다른 나무로 날아간다. 소나무선충은 솔수염하늘소를 타고 사방으로 퍼져 나갈 수가 있고, 솔수염하늘소는 소나무선충이 죽인 소나무에다 알을 낳아 번식한다. 서로 돕고 사는 기막힌 생물계의 도움살이라 하겠다. 멋있는 공생이다! 우리는 죽일 놈이라며 눈에 쌍불을 켜지만 저것들은 어쩌면 저렇게 멋있는 짝을 지어 그 긴 세월을 지내왔단 말인가! 이 멋진 진화! 생물학적으로 보면 '환상적인 공생'이라고 하지 않을 수 없다. 물론 인간들은 그들의 관계를 끊겠다고 불칼을 들고 달려들고 있지만.

솔수염하늘소 자란벌레의 크기는 암컷이 20~30밀리미터, 수컷은 그것보다 조금 작아서 15~20밀리미터에 달한다. 반대로 더듬이의 길이는 수컷이 암컷보다 조금 길다고 한다. 자란벌레의 몸빛은 적갈색이며 몸 전체에 검은 점과 황색점이 두루 퍼져 있다. 우화 羽化하여 자란벌레가 되는 시기는 주로 5월 중순에서 7월 하순까지 약 2개월간이다. 소나무선충은 솔수염하늘소가 우화할 때 배에 있는 숨구멍에 달라붙어 함께 다른 장소로 옮겨 간다. 평균 15,000마리의 소나무선충이 숙주(솔수염하늘소)에 기생한다고 한다. 솔수염하늘소는 다른 소나무로 이동하여, 주로 1, 2년생의 가지를 갉아먹고 사는데(그 피해는 그리 심하지 않음), 이때 소나무선충이 패거리로 따라 옮겨붙는다. 솔수염하늘소의 교미는 우화 후 10일 내에 일어나며, 소나무의 수피樹皮를 물어뜯어 상처를 내고 거기에 산란관産卵管을 꽂아 안에다 알을 낳는다. 미리 말하지만 살아 있는 소나무에서는 절대로 산란하지 않고 죽은 나무에만 산란하는데, 그 소나무를 죽여 준 것이 바로 소나무선충이라는 것!

다시 정리하면, 솔수염하늘소가 소나무 가지를 뜯어 먹느라 상처를 내고, 그 구멍을 타고 소나무선충이 들어가서 물길, 양분 길을 막아 소나무를 죽이고, 솔수염하늘소는 죽은 소나무 안에 산란을 한다. 즉, 솔수염하늘소는 소나무선충을 옮겨 주고, 소나무선충이 죽인 소나무 안에다 알을 낳고 번데기가 되어 월동을 하는 것이다. 알과 번데기가 든(물론 소나무선충도 있는) 소나무를 목재나 집을 짓겠다고 베어서 자동차로 멀리 나른다. 이제 무슨 일이 벌어질지 짐작이 갈 것이다. 소나무선충이 들어 있는 나무를 사람이 옮겨 주니, 소나무선충은 거리낌 없이 마구 고속도로를 날쌔게 달린다! 그래서 사람들은 병에 걸린 나무는 죄다 잘라 불태우고 그런 나무는 반출을 엄하게 단속한다.

회충

회충*Ascaris lumbricoides* 이야기를 하려니 문득 떠오르는 기억 하나가 있다. 내 큰딸이 올해 나이 마흔한 살, 그 애가 중학생 때의 일이다. 지난 세월 다른 기억은 모두 날려 보내 버리는데 이런 것은 어제 일처럼 생생하니…….

그날따라 일찍 집에 와서 화단의 나무를 돌보고 있었다. "딩동!" 하는 소리에 달려가 대문을 열자마자 뿔난 얼굴의 딸아이가 다녀왔다는 인사도 없이 후닥닥 안마루로 내달려 올라가 버린다. '왜 저러지?' 하고 따라가서는 멀찌감치 서서 눈치를 살핀다. "혜성아, 왜 그러니?" 이래저래 한참 달래고 난 뒤에야, "나 오늘 아빠 때문에 창피당했단 말이야." 하고 정색을 한다. 이런! 마른하늘에서 내리치는 벼락을 청천벽력靑天霹靂이라 한다지? 아닌 밤중에 홍두깨라 해도 좋다. 한데 나중에 알고 보니 그럴 만도 했다. 학교에서 종례 시간에 "권혜성, 회충 쓰리 플러스three plus, +++!" 하고 선생님이 불러 주셨단다. 학생들은 온통 까르르 웃어 제쳤고……. 참고로 '쓰리 플러스'는 회충 알이 가장 많이 나왔다는 뜻이다.

그때만 해도 학교마다 봄, 가을철에 두 번씩 대변검사大便檢査, stool test라는 것을 했다. 작은 비닐봉지에 콩알보다 큰 대변을 떠서 집어넣고 실로 창창 묶은 다음, 다시 종이봉지에

191

넣어 풀로 봉하여 학교에 낸다. 그러면 기생충박멸협회에서 검사를 하고, 기생충이 있는 사람에겐 구충약을 먹였다. 그런데 문제는 다음에 있었다. 아침에 일찍 학교를 가야 하는데, 미처 대변 준비를 못한 혜성이가 급한 김에 내 것을 가지고 갔던 것이다. 제때 내지 않으면 벌 청소가 떨어졌으니…… . 결국 '쓰리 플러스'는 내 대변의 검사결과였다. 그랬으니 "아빠 때문에……"란 말이 나왔던 것! 억울하게도(?) 애먼 나만 딸한테 혼이 났다.

요새는 회충 감염률이 약 0.05퍼센트에 지나지 않으니 '똥 검사'라는 것이 없어지고 말았다. 그런데 몇 해 전 느닷없이 김치에서 회충 알이 나왔다고들 난리를 피웠다. 미리 말하지만, 회충약을 그냥 막무가내로 약국에서 사 먹지 말 것이다. 꺼림칙하면 변 검사의 결과를 보고 약을 먹을 것이다. 회충을 죽이는 약이라면 사람 몸에게도 매우 해로우니 하는 말이다. 그렇지 않은가? '식자우환識字憂患', '아는 게 병'이란 말은 여기에서는 통하지 않는다. 서양 사람들은 '아는 것이 힘(knowledge is power)'이라고 주장하는데, 우리는 왜?

회충은 보통 '거위'라고도 부르며, 분류학상으로 선형동물에 든다. 회충은 기생충 중에서 제일 큰 놈이다. 암수가 따로 있고, 암놈이 조금 더 길어서(보통 20~35센티미터) 암수 구별이 아주 쉽다. 수놈은 작으면서 꼬리 쪽에 뾰족한 돌기(뜨개바늘의 끝 모양과 비슷함)가 있으니 그것이 교미기다. 엎혀사는 주제에 교미까지 하는 별난 놈들이라 하겠다.

알다시피 회충 알은 주로 채소에 묻어 입으로 들어와 작은 창자에 감염된다. 작은창자에서 암놈이 낳은 알이 대변에 묻어 나간다. 밭에다 대변을 거름으로 뿌리면 알이 채소에 묻어 있다가 그것을 날것으로 먹으면 회충에 걸리게 된다. 우리나라도 옛날에는 대소변을 밭에다 뿌렸으나 근래 와서는 화학비료를 쓰기에 회충이 거의 없어지다시피 했다.

회충은 사람의 작은창자에 산다. 기생충들의 생활사는 어느 것이나 꽤 복잡하다. 성숙한 회충 알이 입으로 들어와서 작은창자에 다다르면 알을 깨고 애벌레가 나온다. 가늘고 길쭉한 애벌레가 작은창자 벽을 뚫고 들어가 소정맥 → 정맥 → 문맥 → 간 → 간정맥 → 심장 → 허파 → 기관지 → 기관 → 후두기관 입구 → 인두식도 입구 → 식도 → 위 → 작은창자를 거치는 긴 여행을 한다. 이렇게 사람의 몸을 구석구석 한 바퀴 돈 다음에(그동안에 허파에서 탈피를 함) 작은창자에 되돌아와서 거기에 죽치고 산다. 아무래도 생존에 불리한 듯 보이는데 왜 이런 복잡한 과정을 밟는지 아무도 모른다. 단순하고 간단한 생활사가 유리할 터인데 말이지? 자란벌레가 되는 데는 보통 70~80여

일이 걸리고, 수명은 1~1.5년이지만 더 오래 사는 놈도 있다고 한다.

옛날엔 한 사람이 여러 기생충을 가지는 것이 예사였으니, 회충은 물론이고 십이지장충, 편충, 요충, 촌충, 디스토마 등 여러 기생충이 날뛰었다. 먹지도 못하면서 그놈들에게 빼앗기고 뜯기다 보니 몸이 말이 아니었다. 그러나 지금은 그것들이 절멸 絶滅 상태가 되다 보니 '보호'를 해야 하지 않느냐는 농담을 하기에 이르렀다. 내가 대학 때만 해도 영어로 된 기생충 교과서에 "기생충 연구를 하려거든 한국으로 가라."라고 쓰여 있을 정도였다. 아마 지금도 서울 사대 도서관에 빨간 연필로 밑줄은 그어 놓은 그 책이 있을 것이다.

회충 암놈 한 마리는 하루에 무려 20만 개의 알을 낳는다고 한다. 하루에 20만 개!? 물론 회충의 알은 아주 작아서(길이 70~80마이크로미터, 가로 40~50마이크로미터) 눈에 보이지 않고, 현미경으로 봐야 보인다. 사람의 대변에 막 묻어 나온 알은 미성숙란(먹어도 감염이 되지 않음)이지만 여름철에는 일주일이면 성숙란(먹으면 감염됨)으로 바뀐다고 한다. 알의 모양은 타원형으로 세 겹의 껍데기로 둘러싸여 있어서 웬만큼 건조하거나 추운 자연 상태에서도 여간해서 죽지 않지만 열에는 매우 약해 섭씨 70도에서는 쉽게 죽는다. 그러므로 채소를 익혀 먹으면 기생충(회충) 예방이 된다.

회충에 감염되면 여러 병적 증상을 보인다. 애벌레가 몸 안을 돌며 간에서 간비대증을, 허파에서 폐렴을 일으키고, 뇌나 척수에 가서 염증을 일으키기도 한다. 자란벌레가 간 쪽으로 들어가서 쓸개관, 쓸개주머니, 간정맥을 막아 버리는 수가 있고, 덩어리를 지어 장을 틀어막아(장폐색) 복통이나 구토를 일으키기도 한다. 그때는 무엇보다 기생충에게 양분을 빼앗기는 것이 큰 문제였다. 고금천지에 이런 기상천외한 이야기를 읽으면서 여러분이 기절초풍, 대경실색 하겠지만 내가 어린 시절, 호랑이 담배 피우던 그때는 그랬다. 그런데 외국에서 요새 와선 회충이나 촌충 같은 기생충을 배 속에 키워서 체중을 빼는 사람도 있다니 세상이 옛날 같질 않구나! 하나 체중을 줄이기 위해 뱃살에서 지방을 흡입해 내거나 위 또는 작은창자를 잘라 내는 피 터지는 수술을 하는 판에 배 속에 기생충 키우기는 거기에 비하면 꽤나 신사적이라 하겠다.

기생충 이야기를 하자니, 고구마 줄기처럼 이야기가 줄줄이 끌려 나온다. 작은창자에 살던 회충이 식도를 꾸물꾸물 기어 올라 입으로 나오는 것도 나는 보았다?! 으~윽! 바로 내 어머니였다. 세상에, 어머니는 촌충을 잡겠다고, 탄피彈皮 속의 탄약을 모아 한 움큼 입에 털어 넣으시고 휘발유로 꿀꺽 삼키셨으니……. 효과가 있어 칼국수 같은 촌충이 한 사발 넘게 나왔었다! 그건 그렇고 통시 뒷간에 불 火 기나 있었다면 울 엄마 로켓이 될 뻔했다. 젠장맞을, 참 서럽고 더러운 놈의 세상에 살다 가셨다. 암튼 나는 이렇게 어린 시절을 먹고 산다. "마음이 아이들같지 않으면 하늘에 들지 못할 것이다."라고 한다. 죽는 날까지 더없이 천진난만하고 순진무구한 철부지로 살고 싶다!

늘 부지런한 지렁이

　여름 밤비가 흠씬 내린 날 아침이다. 가만히 창밖을 내다
보니, 학교를 간다고 나서던 꼬마가 땅바닥에 뭐가 있는지, 뚫
어지게 내려다보다가는 갑자기 털썩 뭉개고 주저앉아 손으로
뭔가를 으깨듯 만지작거린다. 뭘 하나 궁금하여 고개 숙여 본
어머니는 질겁한다. 아들 녀석이 꿈틀거리는 지렁이를 집게손
으로 집어 올리고 있지 않는가. 어머니는 반사적으로 아이의 등
짝을 세게 땅! 내려친다. 그러고는 "이놈아, 더럽다." 하고 냅다
고함을 내지르며 아이 목덜미를 낚아채 사정없이 끌고 간다. 그
러나 그 녀석은 지렁이에 미련이 남아 목을 비틀며 버텨 보지만
엄마의 힘에 못 이겨 ……. 아뿔싸, 저러면 안되는데……. 과학
자요 탐험가인 아이한테 저러면 안되는데! 어머니가 이럴 수가
있나? 일부러라도 지렁이를 잡아다가 같이 매만지고 관찰해야
할 어머니가……. 아무튼 그 아이는 '과학'을 하고 있었다. 어

머니는 저 연약한 '과학의 싹'을 잘 가꿔야 할 의무가 있다. 아무리 징그럽고 언짢아도 무럭무럭 자라는 과학의 움싹을 예리한 칼로 사정없이 잘라서는 안된다. "하지 말라."라는 말, 그것이 날카로운 비수라는 것. 피그말리온 효과Pygmalion Effect라는 것이 있지 않은가. "칭찬하면 칭찬한 만큼 잘한다." 조각가 피그말리온이 자기가 이상理想으로 여기는 여자를 상아象牙로 조각해서 그 상像을 사랑하게 되었는데, 아프로디테 여신이 그의 기도에 응답하여 조각에 생명을 불어넣어 주었다고 하지 않는가. 그리하여 "교사는 마음으로 아이를 조각하는 교실 안의 피그말리온이다."라고 한다. 그러니 부모들도 조각가 피그말리온이 되어야 하지 않을까. 크게 다치지 않을 정도라면 무엇이든 해 보라며 타이르는 부모가 되어야 한다. 용기를 주는 어머니의 자식 중에서 노벨상이 나온다. 달걀을 품고 있는 에디슨을 본 어머니가 "너 미쳤냐?" 하고 퉁 주지 않았다는 것을 명심하자. 그리고 "미친놈이 지구를 바꾼다."라는 말을 잊지 말자.

어쨌거나 아이들은 흙(자연)을 만져야 한다. 자연으로 보내라! 루소가 부르짖지 않았던가, "자연으로 돌아가라."라고. 그리고 마냥 칭찬해라. 그것이 자식들에게는 약이 될 터. 그리고 작은 실험실을 집 안에 마련해 주자. 방이 없으면 거실을 써서라도 말이다. 간단한 실험기구를 준비해 주는 것이다. 생물

공부를 하기 위해서는 현미경 한 대 정도는 사 주는 것도 좋다. 비싼 장난감 하나 정도의 값에 지나지 않으니 겁먹을 일이 아니다. 잎사귀 하나, 벌레 한 마리를 잡아서 그것으로 들여다보는 재미는 이루 말할 수가 없다. 미지의 세계를 확대하여 들여다보는 재미라니!

무엇보다 중요한 것은 자연에 가까이 가는 것이다. '가까이 가는 마음'이 '관심觀心'일 것이고, '가까이 가서 보는 것'이 바로 '관찰觀察'인 것이다. '가까이'가 얼마나 귀한 일인지 모른다. 어떤 일에 관심을 갖는 것이 곧 호기심이요, 호기심은 어린이의 특권일 터. 어린이가 갖는 호기심 그것이 바로 동심童心이고, 그런 동심 없이는 자연과 만날 수 없다. 하여 동심은 바로 시심詩心으로 통하고, 그 시심은 과학하는 마음인 과학심科學心과 다르지 않다. 하여 과학과 시가 만난다. 그렇군, 시인의 호기심으로 관찰해야 자연이 제대로 보인다는 뜻이렷다. 거참, 철부지 동심에 과학이, 또 시가 들어 있더라!

땅의 일꾼, 지렁이

지렁이를 한자어로는 '구인蚯蚓', '지룡地龍'이라 한다. "거생이도 밟으면 꿈틀한다."라는 말이 있다. '거생이'는 지렁이의 사투리로 '거시', '것깽이'라고도 한다. 영어로는 'earthworm'이라고 하는데, '땅에 사는 벌레' 정도의 뜻이겠다.

흙 속이나 늪, 호수, 지하수, 동굴, 해안 등에 널리 분포하며 전 세계에 사는 지렁이는 23과 700속 7,000종이 넘는다고 한다. 우리나라에는 약 60종이 서식하는 것으로 알려져 있다. 다른 나라도 그렇지만 아쉽게도 지렁이 연구는 우리나라에서도 깊게 이뤄져 있지 않다.

비가 오면 마당에 기어 나오는 붉은지렁이 *Lumbricus terrestris*의 학명을 풀이하면 '땅에 사는 둥글고 긴 벌레'라는 의미다. 이 밖에도 두엄 더미(한참 발효나 부패가 일어날 때는 섭씨 66도까지 오른다고 함, 그래서 도마뱀이나 구렁이가 두엄에 알을 낳음)에 떼 지어 모여 사는 작은 줄지렁이, 깊은 나무뿌리 근방에 사는 회색지렁이가 대표적인 지렁이다. 비 오면 기어 나오는 붉은지렁이는 땅속에 깊게 굴을 파 놓고 그 안에 살고, 나머지 것들을 아주 얕은 곳에서 산다.

어떤 이는 지렁이를 가리켜 '죽은 땅을 숨 쉬는 땅으로 바꾸는 자연의 쟁기'이자 '소리 없이 땅을 일구는 일꾼'이라고 말한다. 지렁이는 인간에게 아주 유익한 동물이다. 그렇다! 밭의 흙을 뒤집었을 적에 꿈틀거리는 지렁이가 나오면 그 밭은 아주 건땅이다. 어디 모래땅에 지렁이가 살던가. 지렁이는 낙엽들의 유기물을 먹는지라 땅에 먹을 것이 없으면 살지 못한다. 아니,

살지 않는다. 이렇게 지렁이를 품은 비옥한 흙은 흙냄새를 풍기지만 그렇지 못한 모래에는 토향 土香이 없다. 지렁이가 사는 흙은 보드랍고 포실하지만 지렁이가 살지 않는 흙은 껄끄럽고 메마르다. 사람도 향기가 나는 이가 있는가 하면 만정이 싹 떨어지는 인간이 있는 것과 다르지 않다. 지렁이 이야기는 결국 흙 이야기다. 정원이 뭔가? 흙이다. 그 정원의 사과나무 한 그루를 보자. 우리가 아는 땅 위의 영역만이 전부가 아니다. 땅속의 뿌리도 있지 않은가. 사과나무의 가지에 새들이 깃들듯이 땅속의 사과나무 뿌리에는 지렁이가 깃든다.

독자 여러분은 암수한몸인 지렁이가 반드시 짝짓기를 하여 정자를 서로 교환한다는 것에 놀랄지 모르겠다. 내 전문인 달팽이도 제 몸에서 정자와 난자를 다 만들면서도 반드시 다른 개체의 정자를 받아 수정한다. 신기하지 않은가. 근친교배는 해로운 자손을 낳을 수 있다는 것을 지렁이가 다 알고 있다니……. 짝을 만날 수 없을 때 할 수 없이 자가수정 自家受精을 할 수는 있다. 그러나 가능한 제 정자와 난자가 수정하는 것을 피한다. 꽃도 제꽃가루받이를 하지 않는다. 이런 것을 연구한 생물학자들이 '우생학 優生學'이란 이름을 붙였다. 즉, 이들 동식물에서 근친교배 近親交配는 해롭다는 것을 배웠던 것이다.

지렁이는 흙을 소화시켜 땅을 걸게 살리는 생산자다. 지렁이는 지구의 보호자다! 지렁이만도 못한 인간말짜들! 너와 나 말이다. 지구를 파먹기만 했지 언제 네가 지구를 한번 보살피고 도닥거려 준 적이 있는가. 안도현 시인의 시구절이 언뜻 떠오른 다. "연탄재 함부로 발로 차지 마라, 너는 누구에게 한 번이라 도 뜨거운 사람이었느냐."

암튼 농토를 거름지게 하고 오염을 정화하고 쓰레기를 치 우는 것이 지렁이다. 그들이 우리를 필요로 하는 것보다 우리가 그들을 더 필요로 한다는 것을 우리는 아는가? 지렁이를 키우 는 공장을 만들어 놓고 가축처럼 키워 지렁이들이 내놓는 똥을 퇴비로 쓰고 있으니 그것이 곧 '지렁이 퇴비'다. 큰 화분을 잘 관찰해 보면 거기에 지렁이 똥이 있다. 흙을 망울망울 씹어 뱉 은 듯, 보통 흙과는 다른 깨끗하고 말간 흙 알갱이를 모아 올려 놓은 것이 보일 것이다. 언뜻 봐도 확실히 화분 흙과는 다르다. 지렁이가 흙을 먹어 유기물을 분해하고, 창자의 미생물들을 가 득 묻혀 배설해 놓은 것이다. 흙 속에 꼬물꼬물 기어드는 지렁 이 덕분에 저 아래 약 15센티미터 깊이의 흙이 겉으로 올라오 고, 위의 것은 내려간다. 큰 밭 하나도 10~15년이면 완전히 갈 아엎는 지렁이다. 지렁이가 곡식을 키우고 그 곡식은 사람을 먹 이니, 사람도 지렁이를 잘 먹여야 할 것이다.

지렁이도 앞뒤가 있다

이번에는 지렁이의 앞뒤를 구별해 보자. 지렁이는 몸이 여러 개의 고리 모양 환형 環形의 마디로 되어 있는 환형동물이다. 지렁이를 자세히 보면 제 몸빛보다 조금 옅은 색을 띤 가느다란 환대環帶가 있는데, 환대에서 가까운 쪽의 끝이 입이고 그 반대쪽 멀리에 항문이 있다. 환대는 머리에서 몸통의 약 3분의 1되는 지점(32~37번 체절 사이에 있음)이며, 생식에 관계하는 기관(나중에 알을 모아 넣는 고치가 됨)으로 어릴 때는 없다가 성적性的으로 성숙하면서 생겨난다. 그러므로 꼬마 지렁이의 앞뒤를 구별하는 것은 더욱더 어렵다. 가만히 바닥에 둬 보아 앞으로 가는 쪽에 입이 있다고 판단하는 것이 쉽다.

뱀처럼 지렁이는 절대로 뒷걸음질을 하지 않는다(못한다). 그들을 닮은 과학도 같은 속성을 부린다. 거참, 지렁이가 왜 뒤로 가지 못하는 것일까. 지렁이를 유리판에 올려놓고 앞뒤로 당겨 보자. 양쪽 모두 잘 당겨질 것이다. 그러나 신문지 위에서는 얘기가 다르다. 앞(입 쪽)에서 당기면 유리판에서처럼 잘 당겨지나, 뒤에서 당겨 보면 '스륵, 스르르' 하는 소리에, 껄끄러운 느낌이 들면서 잘 당겨지지 않는다. 그 이유는 눈에 안 보이는 작은 털들 즉, 센털강모剛毛이 마디마다 나 있어서 몸이 뒤로 미끄러지지 않도록 떠받쳐 주기 때문이다. 보통 센털은 한 마디에 8~12쌍이 있는데, 약간 뒤로 누워 있어서 바닥에 몸을 박기 쉽도록 되어 있다. 지렁이는 짝짓기를 할 때 이 센털로 서로 끌어안는다.

지렁이 운동은 전형적인 꿈틀운동 연동운동 蠕動運動, peristalsis 이다. 세로로 뻗어 있는 종주근 縱走筋 이 수축하면 둥글게 퍼져 있는 환상근 環狀筋 이 이완하여 몸이 굵고 짧아진다. 종주근이 이완하고 환상근이 수축하면 몸은 가늘어지면서 길어진다. 이렇게 우리 체내의 창자들이 지렁이처럼 꿈틀운동을 하여 음식을 아래로 내려보낸다.

지렁이는 보통 성체가 되면 100~175개 정도의 마디를 갖고, 몸길이는 12~30센티미터가 된다. 그런데 열대 지방의 어떤 종은 마디가 250개가 넘고 몸길이도 엄청나 4미터나 된다니 우리나라의 큰 뱀보다도 더 크다. 알다시피 정온동물은 한대 지방으로 갈수록 덩치가 커지고, 변온동물은 열대 지방으로 갈수록 덩치가 커지니, 지렁이도 저렇게나 큰 녀석이 있는 것이다. 지렁이를 깨끗이 씻어 푹 고운 것을 뭐라더라? 맞다, 토룡탕 土龍湯 이다. 열대 지방의 그놈으론 엄청 많은 양의 토룡탕을 끓일 수 있겠다. 토룡탕은 구황 救荒 말고도 감기·해열·이뇨제 등으로 쓴다고 한다. 한편 지렁이가 생약 生藥 이 되기도 한다. 은행잎과 마늘에서 혈액순환을 촉진물질을 뽑아 약으로 쓰지 않는가. 지렁이 또한 같은 테두리에 드는 생약이 된다. 지렁이 몸에는 피의 응고를 막는 물질이 들어 있다. 혈관에 피멍울이 생겨 그것이 엉켜 달라붙어 핏줄을 틀어막는 병을 혈전血栓, thrombosis 이라 하는데, 이것을 치료하는 약을 바로 지렁이에서 뽑으니 룸브리키나제lumbrikinase 다. 아마도 이 약 이름은 학명의 속명屬名인 *Lumbricus*에서 따온 것이리라.

어쨌거나 이거야 약이 된다고 먹는 것이지만 애처롭게도 우리의 어린 시절은 달랐다. 팍팍한 삶을 살았던 우리는 배고픔에 이력이 났지 않았던가. 배가 항아리처럼 불룩 나온 친구들도 꽤나 많았으니 그것은 핏속에 단백질이 부족하여 몸 조직의 물을 뽑아내지 못하는 현상, 즉 부종浮腫, edema이라는 병이다. 물은 농도가 옅은 곳에서 짙은 곳으로 움직이며, 몸에 고인 물도 적당이 빠져나가야 하는데 그렇지 못하면 몸이 퉁퉁 붓는다. 그래서 복수腹水가 차서 부종이 생기면 피 단백질인 알부민albumin 주사를 맞는 것이 아닌가. 암튼 부종에는 단백질만이 약이라 지렁이를 삶아 먹이고 쥐를 잡아 구워 먹었다. 조금도 이상한 일이 아니지 않는가. 삼순구식三旬九食, 서른 날에 아홉 끼를 먹으며 배를 굶어 볼 텐가? 사흘 굶어 담장을 넘지 않는 사람 없다고 했다. 사람이 다 참아도 배고픈 것은 못 참는다. Hungry is Angry! 배고프면 화딱지 난다! 한때 지렁이를 우주에서 먹는 식량으로 개발한다는 이야기도 있었는데……

앞에서 지렁이의 짝짓기 이야기를 잠깐 했다. 난소와 정소를 한 몸에 다 가지고 있어서 난자와 정자를 만들지만 반드시 정자를 서로 교환한다는 이야기 말이다. 그런데 지렁이가 따로 교미기交尾器가 있을 턱이 없다. 두 지렁이는 생식공(난소와 정소가 여기에 들어 있음)이 있는 12~13번째 체절이 상대의 환대와 맞닿게 몸을 찰싹 붙인다. 그러려면 두 마리의 지렁이의 몸길이가 같아야 한다. 지렁이는 짝을 찾을 때 키를 가장 중시한다! 이윽고 짝을 만나 짝짓기를 보통 1시간이나 계속하는데 사랑이 워낙 강렬한지라(?) 이때는 손전등을 비춰도 꿈적하지 않는다. 이것들은 팔다리가 없으니 몸에 난 센털과 끈끈한 점액이 굳어서 달라붙는 데 도움을 준다고 한다. 몸뚱이에 나 있는 작은 홈을 타고 정자가 이동하여 다른 놈의 몸으로 들어간다. 그 반대도 똑같이 그런다. 난자와 정자가 만나 수정을 하면 환대 부위가 서서히 입 끝으로 이동하면서 수정란을 감싸 미끄러져 내려와 고치난포卵胞, cocoon가 되고, 1~2개의 수정란이 든 고치를 땅에 묻어 두면, 거기에서 어린 지렁이가 부화하여 나온다. 고치의 크기는 보통 6밀리미터 정도로 아주 작아서 잘 관찰해야 보인다. 지렁이는 주기적으로 짝짓기를 하여 1년에 열 개에서 수백 개의 알을 낳으며, 지온地溫 섭씨 20도에서 약 2~3주 만에 부화하고(온도가 낮으면 낮은 만큼 부화에 걸리는 시간은 길어진다), 오래 사는 녀석은 6년을 넘겨 산다고 한다.

다윈의 지렁이

다윈도 지렁이를 예사로 보지 않았다! 다윈은 5년 넘게 비글호를 타고 세계를 돌아, 2천여 쪽 분량의 일지와 1,500점의 식물표본, 4,000점에 달하는 동물들의 가죽과 뼈를 가지고 돌아왔다. 이런 방대한 일을 처리하느라 시간에 쫓기면서도 지렁이에 관한 관심은 식지 않았다고 한다. 다윈은 『지렁이의 활동에 따른 부식토 형성(The Formation of Vegetable Mould Through the Action of Worms)』(1881)이란 책에, "이 세상의 역사에서 이토록 낮은 수준의 유기체가 하는 것처럼 중요한 역할을 해 온 동물이 달리 있는지 의심스럽다."라고 한껏 지렁이를 칭송하고 있다. 이어서 "밭 흙 4천 제곱미터에 지렁이는 약 5만 마리가 살 수 있으며 1년에 18톤의 거름을 만들어 낼 수 있다."라고 덧붙이고, "그들이 주로 하는 일은 흙의 거친 입자를 더 부드럽게 체질하듯 걸러 내고, 식물의 부스러기들을 흙 전체와 섞고, 창자 분비물을 적셔 버리는 것이다."라고 썼다. 아무도 지렁이에 대해 큰 관심을 갖지 않았을 때 다윈은 지렁이의 능력을 인정하고 있었다. '과학자의 눈' 은 역시 다르다! 그는 대단한 흥미를 갖고서 땅속을 들여다봤으며 그 어두운 발아래 땅을 신비로운 탐구의 영역으로 다루었던 것이다.

한때 지렁이에 미쳤던 다윈! 지렁이를 상자에 넣어 책상머리에 놓고는 별의별 장난(실험)을 다 하며 지렁이를 괴롭힌다. 시끄럽게 호루라기를 불어 보기도 하고, 지렁이가 든 단지를 피아노 위에 올려놓고 연주를 하고, 촛불과 전등을 머리 부위와 꼬리에 켜 보기도 한 다윈이다. 지렁이의 감각을 알아보느라 그런다. 후~ 하고 입김을 불어 보아 입 냄새에 대한 반응도 알아본다. 과학자는 어린이이기에……. 다시 한 번 그의 지칠 줄 모르는 호기심과 무한한 재능에 놀란다.

그런 다윈도 노년이 되어서는 "만년晩年이 되어 가슴에 늘 간직해 오던 대로 되었는데, 그것은 거의 자연의 일부가 되는 것, 삽에 기대어 생각할 여유가 있는 사람 또는 텃밭 가꾸는 사람이 된 것이었다."라고 했다. 보통 사람과 하나도 다를 바 없다 하겠지만 나와도 크게 다르지 않아 좋다. 그는 인생의 황혼기에 자주 아프고 허약했다지만 오히려 그 때문에 더 넓은 세상에 대한 관심 대신 과학에 대한 관심을 자기 집과 정원과 땅에 쏟을 수 있었다고 한다. 다윈은 1809년 2월 12일에 영국 슈루즈버리에서 태어나 1882년 4월 19일 켄트 다운에서 일생을 마감하였다. 그의 나이 일흔세 살, 요새 같으면 한창때라 하겠다. 어차피 나도 곧 쭈글쭈글 늙어 버린 그 나이가 되는군! 메멘토

모리memento mori! 죽음, 귀향을 기억하라! 쓸모없는 나무가 천
수天壽를 누린다고 하던데…….

지렁이는 땅의 주인

지렁이를 'night crawler' 즉, '밤에 기어다니는 놈'이라고
도 한다. 가을밤 정원을 거닐고 있으면 '바스락바스락' 하는 소
리가 땅에서 난다. 손에 든 전등을 소리 나는 곳에 비춰 보면 거
기에 지렁이가 있다! 불빛에도 아무런 반응 없이 제 할 일을 하
는 지렁이는 썩어 가는 가랑잎을 갉아먹고 있지 않는가! 그것들
을 소화시켜 똥을 누면 거름이 된다. 하여 지렁이는 땅을 걸게
하는 동물이다. 몸에 탄산칼슘($CaCO_3$)샘이 있어서 흙에 칼슘을
보충해 주는 일도 한다고 한다. 밭에 쓰레기를 버려두면 거기에
는 반드시 지렁이가 낀다. 오글거리는 놈들을 보면 징그럽기 그
지없다. 쓰레기 더미가 더럽고 냄새나지만 지렁이 자체는 더럽
지 않은데 말이지. 그래도 지렁이가 없는 밭, 지렁이가 없는 세
상은 상상하기 싫다. 뭍의 생태계를 제대로 유지하기 위해 지렁
이는 제 몫을 다한다. 단연코 땅의 주인인 지렁이다. 다시 말하
지만 지렁이는 낙엽이나 식물 부스러기들을 굴속에 끌고 들어
간다. 또 다른 곳의 유기물을 찾기 위해 땅 밑을 들쑤시고 다니
니 여기저기에 땅굴은 생기게 마련이다. 따라서 흙에 공기를 스

며들게 하고, 따라서 식물들의 뿌리 숨쉬기를 돕는다. 어디 그 뿐일라고. 흙에 구멍을 숭숭 뚫어 통기성이 높아지는 것은 물론이고 거기에 물을 담을 수 있으니 흙의 보수력이 늘고, 경우에 따라서는 사방 퍼져있는 구멍으로 식물들이 뿌리를 힘들이지 않고 쉽게 뻗을 수 있게 돕기도 한다. 참으로 신통한 일이로고. 지렁이는 흙의 환경을 바꾸는 데 아주 긴요한 몫을 한다. 지렁이 자랑은 아무리 해도 모자란다.

　대부분의 지렁이는 잡식성으로, 살아 있는 식물체의 조직(뿌리, 잎, 묘목, 속씨식물의 씨앗 등)을 먹거나 식물체의 잔여물(썩은 뿌리, 잔디, 금방 떨어진 잎 등)을 분해하여 섭취하고, 미생물(원생동물, 선충, 진드기 등), 초식동물의 배설물, 세균, 균류 등도 먹는다. 지렁이는 마치 코끼리 코 같은 긴 입을 가지고 있는데 아랫입술과 입천장을 맞물리게 하여 먹이를 잡는다. 지렁이가 먹은 음식물은 소화관을 지나는 동안 흙과 함께 소화된다.

지렁이에게 이 모든 영광을

　지렁이가 생태계에서 피식자로 얼마나 중요한 몫을 차지하는지 모른다. 지렁이는 두더지 말고도 오소리, 고슴도치, 다람쥐, 수달 등의 주요 먹이가 된다. 또 많은 새들이 땅속에 있거나 겉으로 기어 나온 지렁이들을 잡아먹는다. 지렁이는 재생력이 강하다. 그런데 굴에 들어 있는 지렁이는 몸의 일부만 먹히고 마는 수가 있다. 그러면 굴속의 나머지 부분은 어떻게 될까. 지렁이의 재생실험再生實驗에 관한 논문은 참 많다. 일반적으로는 머리 쪽이 남아 있어야 나머지 부분이 정상적으로 새로 생겨난다. 즉 꼬리가 잘려야 온전한 것으로 재생한다. 밭일을 하다 보면 몸통이 두 토막으로 잘려 날래게 달려들듯 튕기기도 하고 꿈틀꿈틀 꼬물거리는 놈들을 많이 만난다. 미안하다!

지렁이도 추운 겨울에는 땅속에서 옴짝달싹 않고 있다. 어떤 종류는 땅속 2미터 깊이에 보금자리를 틀고 있다 한다. 그 부드러운 몸으로 야문 흙을 어찌 그렇게 팔 수 있단 말인가. 다 살게 마련이라 하지만 말이다. 사과나무 뿌리도 약 3~4미터 땅속까지 파고든다고 하니 그 또한 신기하다 하겠다. 실은 땅이 말라 야물 때는 제아무리 장사 사과나무라 해도 넓고 깊게 뿌리를 펴지 못할 것이다. 비가 오래 오는 날에는 흙이 물을 머금어서 온통 죽같이 되는 것을 본다. 단단했던 땅도 이때만큼은 발이 쑥쑥 빠진다. 흙이 물을 많이 품어 물렁물렁해지면 나무도 뿌리를 쑥쑥 뻗을 수 있다. 이렇게 비 오는 날에 힘들이지 않고 쉽게 쭉쭉 밀고 나갈 수 있으니 아마 지렁이도 그 덕을 보지 않나 싶다. 질척거리는 진구렁이 된 흙 말이다.

그런데 실제로 땅속에서 지렁이들이 어떻게 생활하는가를

밝힌 연구는 그리 많지 않다. 이것이 땅속 생물을 연구하는 한계다. 식물의 뿌리 관찰도 마찬가지다. 그래도 연구는 해야 한다. 내가 미시간 대학에서 머물 때다. 하루는 친구인 버치(Burch) 교수가 뜬금없이 산등성이 쪽으로 날 데리고 가더니만 웬 땅굴로 끌고 들어간다. 분명 거기는 땅속이다. 저런! 유리 벽면에 나무뿌리들이 사방 가지를 뻗고 있지 않는가? 나무뿌리의 성장 생태를 연구하는 땅굴, 그것을 리조트론 rhizotron, 땅 밑에 있는 뿌리를 관찰하는 실험실이라 한다. 거기에 지렁이들도 가끔 나타난다고 한다.

바야흐로 결론에 도달하였다. 흙에 사는 세균, 곰팡이, 원생동물, 선충 같은 잡동사니들은 서로 싸우기도 하지만 상호 도움을 주는 얼개다. 지렁이는 이들의 먹고 먹히는 관계를 조절하기도 한다. 즉, 지렁이가 흙의 미생물계를 조절하는 것이다. 딴 것들은 지렁이가 있어서 좋은 수가 생기기도 하고 손해를 보기도 한다. 또 원생동물과 선충은 다 같이 세균을 먹이로 삼기 때문에 서로 경쟁관계에 있기도 하다. 그리고 사람 대장에 500종이 넘는, 100조 마리나 되는 세균이 살듯이 지렁이 내장에도 세균이 50여 종이 살고 있다. 지렁이의 세계조차도 그리 간단치가 않구나. 조금밖에 알려지지 않은 그들의 세계 말이다. 정녕 생물계는 무궁무진하다.

굼뜬 달팽이

달팽이의 사랑이 아주 재미난다. 서먹서먹하여 오락가락 하던 녀석들이 짝 지을 때가 되면(주로 7, 8월) 마음을 가다듬고 가까이 바짝 다가선다. 발을 치켜들고 상대를 건드려 보거나 만지작거리다가 마음이 홀려 버리면 대뜸 짝꿍의 발(살)에다 냅다 사랑의 화살을 꽂아 찌른다. 사랑의 신, 큐피드 Cupid 의 화살인 셈이다. 큐피드가 멋대로 쏜 화살에 맞은 사람은 누구나 사랑에 빠진다고 하던가. 어쨌거나 달팽이는 탄산칼슘으로 만들어진 바늘 모양의 침을 상대에 찌르니, 이를 '사랑의 화살 연시 戀矢'이 라 한다. 달팽이 여러 마리가 사랑을 나눈 자리에는 탄산칼슘 화살이 바닥에 뒹군다. 모든 동물은 짝짓기를 하기 전에 반드시 구애행위 전희 前戱, courtship 를 도모하여 상대를 흥분시킨다. 개구 리는 암놈을 꼭 부둥켜안고, 새들은 부리를 문지르고 날개 춤을 추고 뜀뛰기를 하는 것 등이 바로 그런 행위다. 말하자면 구애

행위는 난자의 배란排卵을 자극하기 위한 고귀한 행위인 것! 그러고 보니 달팽이의 사랑 하나도 단순하거나 간소하지 않다. 인간의 욕망을 인수분해因數分解하면 재財, 색色, 명리名利의 셋이라고 하는데 평생 그것만 좇다가는 늙음의 마지막이, 사랑의 끝이 그러하듯 언제나 추레하기만 하다더라.

달팽이 하면 녀석들이 살가워 어쩐지 정감이 가서 기꺼이 만져 보고 거머쥐고 싶고, 또 키워 보고 싶은 마음이 절로 인다. 놈들은 행동이 굼뜬 느림보이면서 무엇보다 둥그스름하다. 여느 동물처럼 눈을 부라리고 잡아먹을 듯이 달려들지 않으니 자연히 정답고, 나도 모르게 마음이 이끌린다. 사실 나는 그 많은 생물 중에서 보잘 것 없는 연체동물을 전공하는 사람이고, 때문에 별명도 '달팽이 박사(Dr. snail)'다. 내 홈페이지(www.drsnail.com)를 잘 보시라!

달팽이는 아마도 밤하늘에 비치는 달月처럼 둥그스름하고, 땅에 지치는 팽글팽글 돌아가는 팽이를 닮았다고 붙여진 이름이리라. 곧이곧대로 들어 넘겨도 좋다. 하늘天의 '달'과 땅地의 '팽이', 둘의 짝 지움이 어쩐지 썩 마음에 들고 기분 난다. 천지조화天地調和가 따로 없다. 옛날 사람들은 달팽이를 '와우蝸牛'라고 했는데, 여기에도 역시 행동이 소처럼 느리고 굼뜨다는 의미가 들었다. 우보호시牛步虎視라, 뚜벅뚜벅 느린 소걸음을 걸

214

어도 형형炯炯한 눈빛이 나는 범을 닮아야 한다.

달팽이 눈이 되었네

잘 살펴보면 달팽이는 뿔(더듬이)이 네 개다. 머리 위에 두 개의 큰더듬이 대촉각 大觸角가 있고, 아래에는 작은더듬이 소촉각 小觸角가 둘 있다. 네 개의 더듬이가 엇갈려 흔들거리는 것을 보고 있으면 신기하고 괴이하다는 생각이 절로 든다. 흔히 달팽이의 뿔 위라는 뜻으로 '와우각상 蝸牛角上'이라는 말을 써서 세상이 좁음을 비유적으로 가리킨다. '와우각상지쟁 蝸牛角上之爭'이라는 말도 있는데, 광대한 우주 속 고작 한 모퉁이에서의 싸움이 참으로 보잘것없다는 뜻이다.

뿔이 네 개 난 동물, 달팽이! 큰더듬이 끝에는 동그란 것이 달려 있으니 그것이 달팽이 눈이다. 이 눈으로는 단지 명암을 알아낸다지만 그래도 눈은 눈이다. 큰더듬이는 위로 곧추세워 흔들어 대고, 작은더듬이는 늘 바닥 쪽으로 굽혀 이리저리 춤을 춘다. 작은더듬이는 냄새나 온도, 바람 등의 변화를 알아내고 있는 것이다. 그런데 장난삼아 달팽이 눈을 손끝으로 살짝 건드려 보라. 순간적으로 눈알은 더듬이 안으로 쏙 말려들어가 더듬이가 없다시피 짧아져 버린다. 조금 뒤에야 다시 풀려 나와 간들간들 흔들어 댄다. 그래서 민망하거나 겸연쩍은 일을 당했을 때 "달팽이 눈이 되었다."라고 한다. 객쩍고 멋쩍은 일을 어디 달팽이만 당한다던가.

달팽이는 주로 부드러운 풀이나 이끼를 먹는 초식동물이다. 참고로 달팽이는 그늘이 져서 서늘하고 습기가 많은 응달에 산다. 동물 치고 뙤약볕을 좋아하는 놈이 있을까마는 달팽이는 특히 음습한 곳을 좋아한다. 그래서 키울 때도 이런 점에 유의하여 응달에 두고 물뿌리개로 자주 물을 뿌려 줘야 한다. 더워도 추워도 못 견디는 달팽이는 아주 여리고 예민한 동물이다. 더우면 여름잠夏眠을, 추우면 겨울잠冬眠을 자는 잠꾸러기가 또한 달팽이 아닌가. 잠을 잘 때는 몸에서 물기가 날아가는 것을 막기 위해서 입을 하얗고 얇은 막으로 막는다. 점액이 굳어진 막에다 작은 구멍 하나를 뚫어 놨으니, 숨을 쉬기 위해 만들어 둔 숨구멍인 것이다. 아주 무덥고 메마른 여름에는 그늘진 흙이나 돌 밑에 몸을 숨겨 더위사냥을 하니 여름잠에 든다. 추운 겨울엔 낙엽 밑이나 깊은 땅속으로 기어들어 겨울잠을 잔다. 땅(흙)이 없으면 못 산다, 달팽이도!

달팽이는 지렁이처럼 암수한몸이면서도 딴 놈과 짝짓기를 한다. 우생학을 아는 저 남다른 동물들을 섣불리 '동물'이라 불러도 좋은가. '영물'이라 하는 것이 옳지 않을지. 아무튼 달팽이도 알을 낳는다. 보통 한 마리가 흙을 발로 파서 20~30개의 알을 그 구덩이 속에다 낳고 흙으로 덮어 둔다. 약 2주 후에 알껍데기를 벗고 어엿한 새끼 달팽이가 되어 나온다. 달팽이의 알은 달걀의 축소판이라 생각하면 무리가 없다. 지름 3~4밀리미터의 하얀 난형卵形으로, 껍데기는 물론 딱딱한 탄산칼슘이 주성분이다. 달팽이 새끼들은 반들거리는, 얇디얇고 맑은 껍데기(집)를 가지고 태어난다. 그 껍데기는 달팽이가 커 가면서 점점 불어나고, 따라서 몸집도 거듭 커 나간다. 달팽이는 한평생 제 집을 짊어지고 다니기에 이사를 할 필요가 없고, 또 집 걱정을 하지 않아도 되는 행복한 동물이다. 주택부금을 붓지 않아도 된다는 말이다. 커 갈수록 껍데기의 꼬임이 늘어나는데, 다 자라면 다섯 바퀴가 된다. 천적(새, 딱정벌레 등)이 나타나면 재빨리 몸을 껍데기 안으로 집어넣어서 죽음을 면하니 그 또한 편리하기 짝이 없다. 그래도 천적은 있다. 어디 천적이 없는 동물이 있던가. 사람도 다르지 않다. 그렇다! 지당한 말씀이다. "나의 목숨앗이(천적)는 결국 바로 나였다."라고 어느 시인이 말씀하셨다지. 내가 나를 잡아먹고 죽이는 것이다. 한데 다들 남 탓하기에 바쁘다.

달팽이는 기어간 자리에 흔적족적 足跡을 남긴다, 흰 점액 자국을! 달팽이는 튼튼한 근육발로 움직인다. 바닥이 딱딱하거나 메마르면 발 운동이 쉽질 않다. 그래서 발바닥에서 점액을 듬뿍 분비하여서 그 위를 스르르 쉽게 미끄러져 간다. 그래서 바닥에 물기가 있거나 매끈하면 액을 적게 분비하고, 거칠거나 메마르면 더 많이 분비한다. 그것이 마르면서 흰 자국으로 남는다.

놈들은 비가 오거나 하면 나와서 먹이를 찾고 짝짓기를 한다. 그러다가 갑자기 햇살이 나는 날에는 그늘로 기어가 숨는다. 마당에 기어 다니던 놈들은 가까운 장독대로 숨어든다. 어떤 녀석은 장독을 기어올라 독 뚜껑 아래에 납작 엎드리기도 한다. 무심코 장독 뚜껑을 열었다 치자. 물컹! 손끝에 닿은 민달팽이의 감촉에 질겁하지 않는 아낙네는 없다! 놀라서 넘어지기도 하고, 임신한 여인네는 유산까지 하는 수가 있다. 그래서 비가 온 다음에 장독대 둘레에 굵은소금을 흩어 뿌려 두는 지혜를 얻기에 이른다. 달팽이가 짠 소금을 넘어 오지는 못하니까. 아, 그렇군! 작은더듬이는 짠맛도 알아내는군!

다음은 소름 끼치는(?) 이야기 하나 해 볼까나. 달팽이를 예리한 면도날 위에 갖다 얹었을 때 어떻게 될까. 발이 잘려 나갈까, 아니면 상처를 입을까? 천만의 말씀이다. 발바닥의 점액 분비샘에서 끈적끈적한 점액을 내고 그것이 본드처럼 순간적으로 굳어지기에 달팽이의 발은 칼날에 닿지도 않고 쉽게 넘어 나가니 끄떡없다. 베이지도 않고 다치지도 않는다. 요술쟁이 달팽이! 꾀보 달팽이!

만만치 않은 달팽이

서양의 일부의 나라(특히 프랑스)에서는 키운 식용달팽이를 고급 요리에 쓴다. 이름난 그 요리를 '에스카르고 escargot'라 부르는데, 헬릭스포마티아 *Helix pomatia*라는 달팽이를 재료로 한다. 육질(고기)이 쫀득거리는 것이 맛이 있고, 영양가도 괜찮다고 한다. 달팽이 살을 잘게 썰고 거기에다 마늘가루와 버터 등을 버무려서 빈 달팽이 껍데기에 집어넣고 푹 쪄서 내놓으니 맛깔이 날 수밖에. 우리나라의 고급호텔에서도 이 요리를 맛볼 수가 있다는데, 너무 비싸서 나 같은 달팽이를 전공하는 사람도 언감생심焉敢生心, 맛도 본 적이 없다. 그러나 나도 왕달팽이 *Achatina fulica*로 만든 요리는 먹어 보았다. 왕달팽이는 동아프리카 원산인 식용달팽이로, 우리나라 남부 여러 지역에서 온실에서 많이들 키우고 있다. 아무튼 달팽이 요리도 먹을 것이 없었던 옛날 음식임에 틀림없다. 우리가 막국수다 냉면이다 하여 그 옛날 없고 못살 적에 먹던 것을 내내 즐기고 있는 것이나 마찬가지다. 그 먼 옛날엔 동양이나 서양이 못 먹고 못산 것은 매한가지였으니 말이다.

먹는 이야기는 이 정도로 하자. '문화는 환경의 산물'이라고 하는데, 참으로 맞는 말이다. 그림 하나만 봐도 그렇지 않은가. 사막 지방에서는 선인장이 주로 그림의 대상이 되고, 산골로 들면 대개 산수화를 많이 그린다. 탄광지대인 강원도 사북 학생들은 냇물을 검게 그렸고, 내 큰딸이 초등학교 시절에 그린 서울 하늘은 회색이었다. 어쩔 것인가. 환경의 영향을 받지 않고 사는 생물은 없다. 문화에서 환경을 미루어 짐작을 할 수 있는 것. '달팽이와 환경'을 엿볼 수 있는 일이 있다. 영국 백화점에 들려 보면 호주머니 용돈을 다 털게 된다! 내가 당한 일이다. 백화점 한쪽 구석에 달팽이가 잔뜩 쌓여 있으니 그것을 채집하는(사는) 데 돈이 들었다는 말이다. 크리스털crystal로 만든 것, 도자기로 빚은 것 등 여러 가지가 있으니 그것을 다 사려면 쪽박을 찰 판이다. 중국 베이징 백화점에서는 칠보七寶로 치장한 것들이 백화점 한쪽을 가득 채우고 있었으니 망연자실茫然自失! 거기에 그것이 있었다니! 황홀하기 그지없어 그 달팽이들을 몽땅 싹쓸이한 것은 두말할 필요가 없다. 점원 아가씨는 싱글 벙글!

아울러 영국이 어떤 나라인가. 1년 내내 겨우 60여 일 해가 나는 나라가 아닌가. 한마디로 해가 덜 비치고 습도가 높은 음습한 곳이라 달팽이들이 살기엔 그보다 더 좋은 곳이 없다. 다시 말해 안성맞춤. 밭가에만 있는 게 아니라 '사과나무에 사과 달리듯' 나무에도 기어오르고, 종도 다양하여 색 띠_{색대, color} band를 두른 놈에다, 큰 놈 작은 놈 등, 온통 달팽이 세상이다. 그러니 달팽이 세공細工이 발달하지 않을 수 없다. 그리고 바로 영국 달팽이 이놈들에 관한 논문을 읽고 내가 달팽이를 전공하게 되지 않았던가!

우리나라에서는 달팽이 장난감 세공품을 발견하기가 어렵다. 구리로 된 달팽이 딱 한 종만이 내 수중手中에 있는데, 보물처럼 귀하게 여겨 언제나 내 책상의 앞자리를 차지하도록 두었다. 말하자면 '한국산 달팽이'인 셈이다. 여름엔 가뭄이 심하고 겨울은 모질게 추운 것이 우리나라의 기후라 달팽이가 살기엔 아주 고약하다. 그런가 하면 열대우림 지대는 그들의 천국이다. 우리나라에서는 제주도가 달팽이의 보고寶庫로, 비 오는 날에는 큰길가에서 더러 달팽이를 만날 수 있다.

달팽이를 만만히 봐서는 안된다. 녀석들은 종이도 마구잡이로 뜯어 먹는다. 천박하게 볼 것도 얍삽하게 볼 것도 아니다. 다른 초식동물은 위나 대장(맹장)에 세균을 키워서 그 미생물들로 하여금 먹은 풀(섬유소)을 분해케 하여 양분으로 흡수한다. 그런데 달팽이는 섬유소를 분해하는 효소(셀룰라아제)를 직접 만들어서 그것을 분해(소화)한다. 그 효소를 모아 알약으로 만들어서 판다면 우리도 푸나무를 뜯어 먹고 그것을 소화시킬 수가 있을 테니 참 좋겠다. 그래서 이런 연구의 대상물에 달팽이가 들어간다. 달팽이에 관해 더 알고 싶으면 내가 쓴 『달팽이』(지성사)를 일독할 것이다.

글의 결미結尾에 한마디만 더 보탠다. 굼뜨지만 꾸준한 (slow and steady) 달팽이를 닮아 보리라! 일근천하무난사一勤天下無難事라, 근면하면 천하에 어려운 일이 없나니. 유수불식流水不息이라, 어디 흐르는 물이 쉬던가.

권오길

경남 산청에서 태어나 진주고, 서울대 생물학과 및 동 대학원을 졸업하고, 수도여고·경기고·서울사대부고 교사를 거쳐 강원대 생물학과 교수로 재직했다. 현재는 강원대 명예교수로 있다. 청소년을 비롯해 일반인이 읽을 수 있는 생물 에세이를 주로 집필했으며, 글의 일부가 중학교 국어 교과서에 실리기도 했다. 강원일보에 10년 넘게 〈생물 이야기〉 칼럼을 연재해 왔으며, 포털사이트 네이버(www.naver.com)에 〈오늘의 과학〉을 연재하고 있다.

지은 책으로 지성사에서 출간한 『달과 팽이』, 『바람에 실려 온 페니실린』, 『열목어 눈에는 열이 없다』, 『생물의 애옥살이』, 『하늘을 나는 달팽이』, 『바다를 건너는 달팽이』, 『생물의 다살이』, 『생물의 죽살이』, 『꿈꾸는 달팽이』, 『달팽이』(공저), 『인체기행』, 『개눈과 틀니』 등이 있다.

2000년 강원도문화상(학술상), 2002년 한국간행물윤리위원회 '저작상', 2003년 대한민국과학문화상을 수상했다.

권오길 교수의
〈우리말에 깃든 생물이야기〉 시리즈

미꾸라지도 천 년이 지나면 정말 용이 될 수 있을까?
왜 쉴 새 없이 나불거리는 사람을 촉새 같다고 할까?

우리말 속담, 고사성어, 관용구에 깊숙이 서린 재미있는 생물이야기
말은 살아 있는 생명체와 같다. 특히 선현들의 지혜와 해학이 배어 있는 우리말에는 유
독 동식물을 빗대 표현하는 속담이나 고사성어가 많은데, 이를 자세히 살펴보면 생물의
특징이 고스란히 담겨 있음을 알 수 있다. 때문에 속담이나 고사성어에 깃든 생물의 생
태나 습성을 알면 우리말을 이해하고 기억하는 것이 보다 쉬워진다. 내용을 한눈에 알
아볼 수 있는 재미있는 삽화와 함께 수필처럼 편안한 어조로 이야기를 풀어내는 저자의
글을 읽다 보면, 선현들의 해학과 재능, 재치에 절로 무릎을 치며 미소 짓게 되고, 저자
특유의 구수한 입담에 또 한 번 웃게 된다.

01 우리말에 깃든 생물이야기

달팽이 더듬이 위에서 티격태격, 와우각상쟁
신국판 변형 | 284쪽 | 14,500원

가물치 콧구멍이다 | 빈대도 낯짝이 있다 | 지네 발에 신 신긴다
만만한 게 홍어 거시기다 등 50가지 재미있는 생물이야기

올해의 청소년도서 선정

02 우리말에 깃든 생물이야기

소라는 까먹어도 한 바구니 안 까먹어도 한 바구니
신국판 변형 | 288쪽 | 14,500원

말짱 도루묵이다 | 두루미 꽁지 같다 | 고양이 쥐 생각한다
오동나무 보고 춤춘다 등 50가지 재미있는 생물이야기

〈우리말에 깃든 생물이야기〉 시리즈는 계속 출간됩니다.